Cobaugh/Schwerdtfeger

Vorsicht: Führungsfallen!

Heike M. Cobaugh
Susanne Schwerdtfeger

Vorsicht: Führungsfallen!

Souverän den Führungsalltag meistern

BELTZ

Heike M. Cobaugh war zehn Jahre im Marketing tätig und arbeitet seit 1993 als selbstständige Unternehmensberaterin, Trainerin und Coach für Kunden aus der Industrie und aus Kliniken der Schwerpunkt- und Maximalversorgung.

Susanne Schwerdtfeger war viele Jahre in der Vertriebsleitung tätig und ist seit 1997 selbstständige Trainerin und Coach für Manager in Unternehmen der Industrie, Pharma- und Medizintechnik.

Dieses Buch ist auch als E-Book erhältlich:
(ISBN 978-3-407-29358-9).

www.beltz.de

Lektorat: Dr. Erik Zyber
Herstellung und Satz: Sarah Veith
Druck und Bindung: Beltz Bad Langensalza GmbH, Bad Langensalza
Umschlagkonzept: glas ag, Seeheim-Jugenheim
Umschlaggestaltung: Sarah Veith
Umschlagabbildung: shutterstock © Dooder
Printed in Germany

ISBN 978-3-407-36554-5

Inhaltsverzeichnis

Vorwort: Führungsfallen lauern überall

»Dieser Weg wird kein leichter sein.
Dieser Weg wird steinig und schwer …«
Xavier Naidoo

Beispiele

Tipps

Übungen

Infos

Buchtipp

Bücher werden für unterschiedliche Menschen geschrieben. Dieses Buch haben wir für Führungskräfte geschrieben. Für solche, die gerade befördert wurden oder kurz davor stehen. Für diejenigen, die schon einige Jahre in einer Führungsposition sind.

Was haben diese Führungskräfte gemeinsam? Sie sind hochmotiviert, ahnen oder wissen, dass der Führungsalltag kein leichter ist, und wollen sich entsprechend vorbereiten oder weiterbilden. Wir haben dieses Buch für Führungskräfte geschrieben, die gut oder besser werden wollen. Führungskräfte, die wissen wollen, welche »Gefahren« im Führungsalltag lauern und wie man sie umgehen kann. Für Sie also!

Wer wir sind? Wir sind zwei ehemalige Führungskräfte, und seit über 30 Jahren (insgesamt) trainieren und coachen wir Führungskräfte aus unterschiedlichen Branchen. Mit diesem Buch möchten wir Standard-Führungsratgeber um eine wesentliche Komponente erweitern, nämlich die der Führungsfallen. Und davon gibt es eine ganze Menge!

Ob es um Ihre Führungskompetenz, Führungswerkzeuge, Mitarbeitermotivation oder Karrierechancen geht – überall lauern Fallen, in die Sie als Führungskraft tappen können. Meistens ungewollt. Dieses Buch hilft Ihnen dabei, diesen Fallen entweder zu entgehen oder schnell wieder herauszukommen.

Warum das wichtig ist? Führungsfallen können zu bösen Überraschungen, Frustration, Demotivation (Ihrer und die Ihrer Mitarbeiter), Karrierepannen und im Extremfall zu gesundheitlichen Schäden führen. Daher lohnt es sich, sie genauer unter die Lupe zu nehmen.

In Teil 1 geht es um Sie persönlich, und zum Teil wird es auch persönlich. Es geht um das gezielte Kennenlernen persönlicher Schwächen, Selbstüberschätzung, realistische Karrierechancen und Burn-out-Prävention. Teil 2 widmet sich Führungsfallen, die sich beim Einsatz verschiedener Führungswerkzeuge auftun können. In Teil 3 zeigen wir Ihnen, was es bei unterschiedlichen Mitarbeitergruppen zu beachten gibt, wie unterschiedliche Systeme ticken und wie Sie sich in einem stetig wachsenden globalen und digitalen Umfeld souverän bewegen können. Teil 4 widmet sich dem lebenslangen Lernen, diversen Risiken und Nebenwirkungen. Gespickt mit vielen Beispielen aus unserer Praxis, Checklisten, Übersichten und Tabellen kann dieser Ratgeber sozusagen Ihr Führungscoach in Buchform werden.

Es bleibt Ihnen überlassen, ob Sie das Buch von vorn nach hinten durchlesen oder sofort in ein für Sie interessantes Kapitel einsteigen. Die Kapitel sind unabhängig voneinander konzipiert, und am Ende finden Sie die wichtigsten Hauptaussagen noch einmal zusammengefasst zur schnellen Durchsicht oder zum späteren Nachschlagen. Natürlich können Sie auch gerne direkt Kontakt zu uns aufnehmen und in einem persönlichen Coaching Ihre »speziellen Fallen« bearbeiten. Unsere Kontaktdaten finden Sie am Ende des Buches.

An dieser Stelle möchten wir uns bei den vielen Klienten und Seminarteilnehmern bedanken, die wir auf ihrem (Führungs-)Weg begleiten durften und die mit ihren Fragen, Problemen und Beiträgen dazu beigetragen haben, dass dieses Buch entstanden ist. Danke!

Heike M. Cobaugh und Susanne Schwerdtfeger

Ich und meine Persönlichkeit

- Persönliche Schwächen gezielt kennenlernen
- Viele Führungskräfte überschätzen ihre Führungskompetenz
- Karrierechancen richtig einschätzen
- In Balance bleiben statt Burn-out

↗ 01

Persönliche Schwächen gezielt kennenlernen

Wer befördert wurde, kann führen – oder?

Viele Führungskräfte gehen davon aus, dass sie führen können. Sie haben dafür eine einleuchtende Erklärung: »Ich wurde schließlich befördert!« Diese verblüffende Fehleinschätzung führt zu jenen Missständen, welche Befragungen mit unschöner Regelmäßigkeit ans Tageslicht bringen. Die befragten Kollegen, Kunden, Mitarbeiter und Vorgesetzten beklagen immer wieder, dass viele Führungskräfte

- verantwortungslos sind und ihre Mitarbeiter zu oft im Stich lassen;
- in der Regel sehr konfliktscheu sind;
- häufig zu impulsiv sind;
- gerne »den Chef raushängen« lassen;
- zu ihrem eigenen Vorgesetzten nicht Nein sagen können;
- auf ihre Mitarbeiter herabschauen;
- glauben, dass ihre Mitarbeiter so sind und denken wie sie selbst;
- eine wenig realistische Selbsteinschätzung haben;
- Probleme mit der Disziplin haben.

Diese neun Fehler sind keine Mängel an Fachkompetenz. Es sind persönliche Schwächen, Schwächen der Führungspersönlichkeit. Wie kommt es dazu? Durch einen simplen Irrtum. Es wird irrtümlich angenommen, dass jemand, der in die Führungsriege aufsteigt, ganz automatisch die geeignete Führungspersönlichkeit mitbringt. Dies gelingt neuen Führungskräften aber in den seltensten Fällen. Denn für die Fachkompetenz wird jahrelang die Schulbank gedrückt, und danach werden Jahre an fachlicher Erfahrung gesammelt. Die Führungspersönlichkeit wurde jedoch nicht in gleicher Weise ausgebildet. In der Regel findet überhaupt keine Vorbereitung auf die neue Position statt!

Die Folgen sind gravierend: Ohne reife Führungspersönlichkeit gibt es keinen langfristigen Erfolg im Führungsjob! Betrachten wir daher in den folgenden Abschnitten die neun persönlichen Defizite und wie Sie diese abstellen können.

Verantwortungslosigkeit: Mitarbeiter im Stich lassen

Der Bereichsleiter Anlagenbau eines mittelständischen Unternehmens besucht eine Baustelle in Begleitung des frischgebackenen Abteilungsleiters. Der Bereichsleiter meint: »Die Montagestufe 2 sollten Sie aber noch vor dem Wochenende fertigstellen!« »Klar doch!«, sagt der neue Abteilungsleiter. Hinterher flucht die Montagemannschaft in der Werkskantine: »Ist der Abteilungsleiter total plemplem? Jetzt müssen wir den Freitagabend dranhängen und können erst am Samstag heimfahren – das Wochenende ist futsch! Dieser … denkt doch nur an die eigene Karriere, und wir werden dabei verheizt!«

Überprüfen Sie, ob bei Ihnen auch die Gefahr besteht, dass Sie Ihre Mitarbeiter alleinlassen.

☑ Checkliste: Lassen Sie Ihre Mitarbeiter im Regen stehen?

	Ja	Nein
Haben Sie in letzter Zeit Wünsche Ihrer Mitarbeiter einfach übersehen?	☐	☐
Haben Sie es versäumt, danach zu fragen, was Ihre Mitarbeiter brauchen, um ihre Arbeit gut machen zu können?	☐	☐
Haben Sie es versäumt, die Ängste, Befürchtungen, Probleme und Sorgen Ihrer Mitarbeiter zu sondieren?	☐	☐
Haben Sie es versäumt, sich vor Ihre Mitarbeiter zu stellen, als diese von Kunden oder anderen Vorgesetzten angegriffen wurden?	☐	☐
Haben Sie Lob für gute Leistungen für sich behalten und Tadel für Mängel an Ihre Mitarbeiter weitergegeben?	☐	☐

Selbst ein einziges Kreuz bei »Ja« ist ein Kreuz zu viel. Denn obwohl Ihnen diese Verfehlungen klein erscheinen mögen: Mitarbeiter vertragen es nicht, wenn man sie alleine lässt. Sie tragen das lange nach und warten oft nur darauf, es Ihnen heimzuzahlen.

Warum lassen Sie hin und wieder Mitarbeiter im Stich? Weil Sie, wie der Mitarbeiter aus unserem obigen Beispiel meinte, nur an Ihrer eigenen Karriere interessiert sind und dafür Ihre Mitarbeiter opfern? Nein, sicher nicht. Der Grund ist ein anderer: Vor der Beförderung waren Sie gewohnt, nur für sich zu kämpfen. Also tun Sie es auch danach. Das ist ganz normal. Machen Sie sich deshalb keine Vorwürfe. Machen Sie sich jedoch in aller Deutlichkeit klar, dass Sie sich mit jedem dieser Versäumnisse selbst sabotieren.

- Wenn Sie Ihre Mitarbeiter ihrem Schicksal überlassen, reagieren diese im Sinne des Wortes führungslos. Sie erwarten, dass ihr Vorgesetzter sich für sie einsetzt. Tun Sie das nicht, erkennen sie Sie nicht als Führungskraft an.
- Sie reagieren in der Regel enttäuscht, passiv, misstrauisch, rachsüchtig – auf keinen Fall motiviert, wie Sie es gerne hätten.
- Die Mitarbeiter reden schlecht über Sie.
- Sie setzen sich nicht voll für Sie ein, weil Sie sich nicht voll für sie einsetzen.

Wenn sich Ihre Mitarbeiter ähnlich verhalten, wissen Sie jetzt, woran es liegt: nicht an Ihrer Fachkompetenz, eher an Ihrem zu geringen Verantwortungsgefühl den Mitarbeitern gegenüber. Merzen Sie diese persönliche Schwäche aus. Wie? Das sehen Sie gleich.

Übernehmen Sie die volle Verantwortung!

Wer seine Mitarbeiter hin und wieder (unabsichtlich) im Regen stehen lässt, tut gut daran, an seinem Verantwortungsgefühl zu arbeiten. Fordern wir Führungskräfte dazu auf, lautet die Antwort oft: »Aber ich fühle mich doch für meinen Bereich verantwortlich!« Das stimmt aber meist nicht. Das erkennen Sie an einem einfachen Symptom: Solange die Mitarbeiter noch nicht die volle Verantwortung für ihre Arbeit übernehmen, nehmen Sie ihnen gegenüber noch nicht Ihre volle Verantwortung wahr. Wenn sich Ihre Mitarbeiter nicht verantwortlich für ihre Fehler fühlen, diese vertuschen oder verniedlichen, dann deshalb, weil auch Sie ihnen gegenüber keine Verantwortung für Ihre eigenen Fehler übernehmen. Das Verhalten Ihrer Mitarbeiter ist lediglich der Spiegel Ihres Verantwortungsverhaltens.

Viele Führungskräfte glauben, dass sie die volle Verantwortung für ihren Job übernehmen, meinen aber meist damit: volle Verantwortung für die Sachaufgabe – nicht für die Führungsaufgabe. Arbeiten Sie daher an Ihrem Verantwortungsgefühl.

☑ Checkliste: Zeigen Sie Verantwortung!

- ☐ Sagen Sie den Mitarbeitern klipp und klar, was Sie von ihnen bis wann erwarten und an welchen Zielgrößen Sie die Erfüllung der Erwartungen messen werden.
- ☐ Sagen Sie Ihrem Vorgesetzten genauso klar, welche Rahmenbedingungen Ihre Mitarbeiter brauchen, um diese Erwartungen zu erfüllen.
- ☐ Sorgen Sie in Ihrem Einflussbereich selbst dafür, dass diese Rahmenbedingungen stimmen.
- ☐ Sorgen Sie dafür, dass Ihre Mitarbeiter konstruktiv und beziehungsorientiert miteinander umgehen können, anstatt sich darüber zu beschweren, dass sie es nicht können.
- ☐ Lernen Sie Ihre Leute so gut kennen, dass Sie wissen, wer mit wem kann, und verteilen Sie die Aufgaben entsprechend.
- ☐ Wenn Angriffe von außerhalb kommen, stellen Sie sich vor Ihre Leute. Kritisieren Sie Mitarbeiter niemals vor Abteilungsfremden. Das werten Mitarbeiter geradezu als Verrat.
- ☐ Wälzen Sie die Verantwortung für Fehler in Ihrem Führungsbereich niemals auf Ihre Mitarbeiter ab. Übernehmen Sie nach außen die Verantwortung – klären Sie jedoch nach innen ebenso deutlich die Verantwortlichkeiten.
- ☐ Bestrafen Sie Fehler nicht, pflegen Sie lieber die Kunst der konstruktiven Kritik. Diese wirkt besser als Strafe.
- ☐ Verkaufen Sie den Erfolg Ihrer Mitarbeiter niemals als Ihren eigenen Erfolg. Damit provozieren Sie Racheakte.
- ☐ Geben Sie Anerkennung für jede anerkennenswerte Leistung (wenn nicht, sehen sich Ihre Mitarbeiter dazu veranlasst, nicht mehr Leistung als unbedingt nötig zu bringen).
- ☐ Leisten Sie das, was Sie auch von Ihren Mitarbeitern verlangen – und ein bisschen mehr. Seien Sie selbst Vorbild.
- ☐ Halten Sie gegebene Versprechen ein – oder geben Sie das Versprechen erst gar nicht. Lassen Sie nichts »Dringendes« dazwischenkommen.

Gehen Sie diese Checkliste möglichst täglich durch und fragen Sie sich: Wo habe ich mich unangemessen verhalten? Was werde ich nicht mehr tun? Was werde ich stattdessen tun? So steigt Ihr Verantwortungsgefühl – und damit im Gegenzug auch das Verantwortungsgefühl Ihrer Mitarbeiter.

Konfliktscheue: Auseinandersetzungen vermeiden

So enthusiastisch und von sich selbst überzeugt gerade junge Manager auftreten, umso nachgiebiger sind sie oft in Konflikten. Streiten sich zwei Mitarbeiter, kommentieren sie die ausbleibende Konfliktmoderation müde mit: »Die vertragen sich schon wieder. Das sind erwachsene Menschen. Ich bin schließlich nicht ihr Babysitter.« Stimmt: Die vertragen sich wieder. Leider in vielen Fällen erst, wenn Arbeitsklima und Produktivität bereits unter dem Streit gelitten haben. Das heißt, Ihre Mitarbeiter streiten sich, statt zu arbeiten. Und was tun Sie dagegen? Sie sind nicht deren Babysitter? Sicher, aber Sie sind ihr Konfliktmoderator. Das steht nicht in Ihrem Anstellungsvertrag? Pardon, das steht nicht drin, weil es selbstverständlich ist. Das gehört zur Führungsaufgabe wie der Bürosessel zum Büro.

Bei Konflikten mit anderen Ebenen ist das nicht besser. Zettelt zum Beispiel der eigene Chef einen Streit an, kneifen viele junge Manager – auf ihre und ihrer Mitarbeiter Kosten.

☑ Checkliste: Gehen Sie Konflikten aus dem Weg?

	Ja	Nein
Ist Ihre Moderations- und Mediationskompetenz so gut, dass Sie jeden Konflikt in Ihrem Team beilegen können?	☐	☐
Stehen Sie Konflikte mit Vorgesetzten, Kunden, anderen Abteilungen problemlos durch?	☐	☐
Praktizieren Sie bei Konflikten Laisser-faire?	☐	☐
Oder intervenieren Sie?	☐	☐
Intervenieren Sie, wenn es nicht mehr anders geht?	☐	☐
Oder moderieren Sie bereits zum frühest erkennbaren Zeitpunkt?	☐	☐

Weil Konfliktstärke eine so wichtige Führungskompetenz ist, gehen wir darauf nochmals ausführlich im Kapitel »Mehr Problemlösungskompetenz ist gefragt« ein (s. S. 124).

Buchtipp

Wenn Sie sich ausführlich mit dem Thema »Konflikte« auseinandersetzen möchten, empfehlen wir Ihnen das E-Book von Regina Mahlmann »Konflikte managen. Psychologische Grundlagen, Modelle und Fallstudien«.

Impulsivität: Änderungen anstreben

Frischgebackene Führungskräfte sind wie neue Besen, die gut kehren. Das heißt: Sie wollen vieles anders, besser machen. Das ist an sich gut. Doch in ihrem Enthusiasmus schießen sie häufig übers Ziel hinaus.

Wenn Sie die Dinge ändern wollen, bedenken Sie, inhaltlich haben Sie zwar meist recht, doch menschlich genauso oft unrecht.

Wenn Sie einem Mitarbeiter sagen »Das machen wir jetzt aber ganz anders!«, kommt bei diesem an: »Was du 15 Jahre lang gemacht hast, ist nichts mehr wert – du hast also 15 Jahre lang Mist gemacht.« Tatsächlich gibt es Führungskräfte, die dies sogar explizit ihren Mitarbeitern sagen – was Folgen hat: Die Mitarbeiter reagieren darauf entweder mit innerem Rückzug oder mit latenter Aggression.

Das Hinausschießen übers Ziel hat weniger mit der viel gerühmten Change-Kompetenz und mehr mit Impulsivität zu tun. Deshalb können Sie diese Untugend mit einer geschärften Selbstreflexion und etwas Disziplin gut und gerne selbst abstellen.

Machen Sie es sich zur Gewohnheit, sich bei jedem Änderungsvorhaben zu fragen:

- Folge ich meinen Impulsen blind und stoße damit Vorgesetzte, Kollegen, Kunden und Mitarbeiter vor den Kopf?
- Wie kann ich meine Impulse so überdenken, dass ich sie beziehungsverträglich kommuniziere und realisiere?

So einfach ist das? Sicher. Wenn es kompliziert wäre, würde es in der Praxis nicht funktionieren. Persönliche Mängel der Führungskompetenz müssen einfach zu beheben sein – sonst lassen sie sich nicht beseitigen.

»Den Chef raushängen lassen«

Etliche neue Führungskräfte können oft nicht der Versuchung widerstehen, gegenüber ihren neuen Mitarbeitern den Chef deutlich zu markieren. Sie profilieren sich nicht mit Führungskompetenz, sondern mit Machtworten: »Ich weiß schon, was ich tue. Tun Sie einfach, was ich Ihnen sage!« Vielfach sprechen sie auch von »Untergebenen«, und das wirkt sich auf das Verhalten deutlich aus.

Gewiss, mancher findet vielleicht Befriedigung darin, einem Mitarbeiter einmal so richtig zu zeigen, wo es langgeht. Doch wenn das mehrmals passiert, treibt es die Mitarbeiter in die innere Emigration, die Produktivität bricht weg, und die Leute hören auf zu denken – das macht schließlich der neue Chef für sie.

Möchten Sie diese Konsequenzen (er)tragen? Wie oft passiert es Ihnen noch, dass Sie Ihren neuen Rang herauskehren, um sich durchzusetzen? Zu oft? Dann stellen wir gemeinsam diese Untugend ab, nämlich im Abschnitt »Wer vorurteilsfrei führt, führt erfolgreich« (s. S. 25 f.).

Nein sagen fällt schwer

Eine schwache Durchsetzungsfähigkeit zeigt sich

- in der mangelnden Fähigkeit, zum eigenen Chef, zu Kollegen oder Kunden Nein zu sagen;
- in der Tendenz, Everybody's Darling sein zu wollen;
- in der Schwäche, auch einmal unpopuläre Entscheidungen durchsetzen zu können;
- in unklarer Führungskommunikation à la: »Na ja, ich würde das nicht von Ihnen verlangen – aber mein Chef will das«;
- in der Schwäche, Fehler und Schlampereien von Mitarbeitern, Lieferanten, Kollegen und anderen Abteilungen durchgehen zu lassen.

Wenn Führungskräfte Ja statt Nein sagen, sind die Folgen klar: Entweder sie überfordern ihre Mitarbeiter, eben weil sie zusagen, was man nicht hätte zusagen dürfen. Oder sie machen die Arbeit selbst – daher die 16-Stunden-Tage vieler Führungskräfte. Nicht, weil zwölf Stunden für ihren Enthusiasmus im neuen Job nicht ausreichten, sondern weil sie nicht Nein sagen können.

Wie oft sagen Sie zu Ihrem Chef Ja, wenn Sie eigentlich Nein sagen möchten, sollten oder müssten? Und wer badet das letztendlich aus? Sie oder Ihr Team? Nein sagen will gelernt sein, daran sollten Sie aber unbedingt arbeiten. Wie Sie sicherer im Neinsagen werden, vertiefen wir im Abschnitt »Mut zum Nein« (s. S. 102).

Stärken Sie Ihr Durchsetzungsvermögen

Vielleicht fällt es Ihnen bereits leichter, Ihre Meinungen oder Ideen fester zu vertreten und häufiger Nein als zu schnell Ja zu sagen, nachdem Sie den Abschnitt »Übernehmen Sie die volle Verantwortung!« gelesen und verinnerlicht haben. Ein gutes Verantwortungsgefühl stärkt Ihre Durchsetzungsfähigkeit beträchtlich. Sie werden es merken, denn Sie werden sich viel leichter durchsetzen, wenn Sie wissen, wofür Sie es tun. Beispielsweise können Sie sagen: »Das kann ich meinen Leuten nicht zumuten. Die arbeiten jetzt schon an der Kapazitätsgrenze. Wir müssen für diese Aufgabe eine andere Lösung finden.«

Wenn Sie die volle Verantwortung für Ihre Mitarbeiter übernehmen und trotzdem noch (nach Ihrem eigenen Ermessen) zu wenig Durchsetzungsvermögen besitzen, sollten Sie sich fragen, was Sie befürchten, wenn Sie sich durchsetzen.

Übung

Artikulieren Sie diese Befürchtungen laut oder schreiben Sie diese jetzt auf:

____

____

____

Meistens lässt sich Folgendes feststellen:

- Wer sich nicht ausreichend durchsetzen kann, setzt meist Durchsetzungsvermögen mit Machtmissbrauch gleich.
- Viele gehen unbewusst davon aus, dass andere leiden müssen, wenn sie sich durchsetzen.
- Oft wird Durchsetzungsvermögen auch mit Härte verwechselt.

Machen Sie sich deshalb in aller Klarheit bewusst,

- dass Sie sich auch ohne jedes Machtgehabe durchsetzen können, ja dass Machtgehabe sogar die Durchsetzung be- oder verhindert, weil es aktiven oder passiven Widerstand provoziert;
- dass niemand leiden muss, wenn Sie sich durchsetzen, sondern alle von klaren Verhältnissen profitieren;
- dass Sie sich auch ohne jede Härte durchsetzen können, indem Sie höflich und freundlich sagen: »Herr Meier, ich verstehe Ihre Bedenken. Leider haben wir in dieser Entscheidung keinerlei Spielraum.«

Denken Sie immer daran, dass Durchsetzungsvermögen Folgendes bedeutet: Hart in der Sache, konziliant zur Person.

Sich gegen Saboteure durchsetzen

Besonders unerfahrene Führungskräfte können sich gegenüber bestimmten Mitarbeitern einfach nicht durchsetzen. Vor allem, wenn diese Mitarbeiter älter, erfahrener und fachkompetenter oder davon überzeugt sind, dass der Falsche zum Chef befördert wurde.

Viele Führungskräfte versuchen es dann im Guten, oft monatelang. Sie reden, argumentieren, haben Geduld und zeigen Nachsicht. Oder sie regen sich auf und »machen dem Revoluzzer Dampf«. Beide Ansätze funktionieren nicht. Es gibt nur eine Möglichkeit, die in der Praxis funktioniert:

- Machen Sie dem Widerständler in wenigen Worten freundlich, aber unmissverständlich die drohenden Konsequenzen seiner Haltung klar: »Wenn ..., dann ...«
- Seien Sie von vornherein entschlossen, diese Konsequenzen auch zu ziehen (wenn Sie bluffen und der Mitarbeiter den Bluff aufdeckt, verlieren alle anderen Mitarbeiter ebenfalls die Achtung vor Ihnen).
- Ziehen Sie die Konsequenzen, wenn er nicht kooperiert.

Der »alte« Widerständler

Julia wird mit 28 Jahren zur Teamleiterin eines Customer Support Team befördert. Fünf Mitarbeiter finden das prima. Ein sechster, 52-jähriger Kollege, boykottiert »das Junggemüse«. Zehn Monate quält sich Julia mit ihm herum, probiert jede Art von Führungsinstrument – vergebens. Eines Tages reißt ihr der Geduldsfaden. Sie klärt mit ihrem Chef die Möglichkeiten ab. Dann sagt sie zu ihrem Widerständler: »Entweder Sie arbeiten ab sofort mit, oder ich lasse Sie versetzen.« Darauf der Mitarbeiter kalt lächelnd: »Dafür haben Sie nicht die Befugnis.« Julia erwidert: »Doch, die habe ich. Entweder Sie kooperieren, oder Sie sind übermorgen nicht mehr hier.« Der Mitarbeiter verliert sichtlich die Fassung. Deutlich ist zu sehen, dass er zum ersten Mal realisiert: »Sie kann das machen! Sie ist tatsächlich meine neue Vorgesetzte!« Seither ist er wie ausgewechselt.

Wenn Sie nach eingehender Prüfung feststellen, dass kein anderes Mittel greift: Sprechen Sie das nötige Machtwort. Doch Vorsicht: Sie sollten jeden Einzelfall prüfen. Denn wenn Ihre Machtworte unangemessen und inflationär fallen, verbrauchen sie sich rasch und verlieren die Wirkung. Ein Machtwort funktioniert wirklich nur dort, wo nichts anderes mehr hilft. Es versteht sich im Übrigen von selbst, dass Sie Ihr Machtwort arbeitsrechtlich absichern, bevor Sie es aussprechen. Wenn Ihr Machtwort zum Beispiel mit Versetzung droht, dann sollten Sie diese Versetzung auch wirklich veranlassen können.

Herabschauen auf die Mitarbeiter

»Die neue Arbeit wäre ja ganz super«, sagt eine soeben beförderte Abteilungsleiterin, »wenn die Mitarbeiter nicht wären.« Eine solche Aussage ist typisch: Man will den neuen Job, aber bitte ohne die »lästige Pflicht« der

Mitarbeiterführung. Dieser Wunsch wird oft begleitet von verbreiteten Vorurteilen:

- »Diese faule Bande, denen muss ich mal einheizen!«
- »Ein alter Gaul lernt eben keine neuen Tricks mehr!«
- »Ohne Druck arbeiten die Leute doch sowieso nicht richtig!«

Vorurteile existieren nicht nur in Bezug auf Mitarbeiter, sondern auf alle Aspekte der neuen Aufgabe:

- »Mit diesen Produkten ist kein Blumentopf zu gewinnen.«
- »Unser Markt ist dicht. Da geht gar nichts mehr.«
- »Meine Chefin interessiert doch nicht, was ich hier mache.«
- »Meinem Chef geht es nur ums Geld.«

Diese Vorurteile erfüllen sich im Sinne einer Selffulfilling Prophecy. Wer Mitarbeiter wie Idioten behandelt, macht sie damit zu Idioten. Oder wie der passende Managementspruch lautet: »Feed peanuts – get monkeys!«

Übung

Von welchen Standpunkten, die sich bei näherem Hinsehen als Vorurteile herausstellen würden, sind Sie felsenfest überzeugt? – Halten Sie Ihre Gedanken fest:

___

___

___

Wird Ihre Haltung gegenüber Mitarbeitern, Chef, Kunden, Kollegen und Markt von Vorurteilen bestimmt? Wenn ja, von welchen?

___

___

___

___

Sich diese Vorurteile ins Bewusstsein zu rufen, ist ein erster Schritt auf dem Weg, sich davon frei zu machen. Weiter an Ihrer Vorurteilsfreiheit können Sie im übernächsten Abschnitt »Wer vorurteilsfrei führt, führt erfolgreich« arbeiten.

Mitarbeiter als »Abziehbild« der eigenen Persönlichkeit?

Viele Führungskräfte glauben, dass alle Mitarbeiter so sind oder sein müssten wie sie selbst. Das bedeutet: Wenn die ledige Jungmanagerin Überstunden macht, dann ist es für sie selbstverständlich, dass die junge Mutter mit Kind ebenso Überstunden machen kann. Wenn der Abteilungsleiter ein Macher ist, dann brandmarkt er alle Analytiker in seinem Team als »Pedanten, die ein Problem zu Tode analysieren, anstatt anzupacken«. So wird jeder Mitarbeiter an der eigenen Chefpersönlichkeit gemessen und das Anderssein negativ ausgelegt. Damit beraubt sich die Führungskraft eines Großteils des Kompetenzpotenzials ihres Teams. Denn wenn beispielsweise alle Analytiker vergrault werden, wer soll dann die hochfliegenden Ideen auf Herz und Nieren prüfen und damit Flops verhindern? Um Fehleinschätzungen zu vermeiden, sollten Sie die Übung auf der gegenüberliegenden Seite machen.

Wer vorurteilsfrei führt, führt erfolgreich

Auch hier geht es darum, Fehleinschätzungen und Vorurteile zu vermeiden. Vorurteile sind sehr gefährlich – für Sie. Denn wenn Sie glauben, dass Ihre Mitarbeiter nur auf Druck reagieren, dann reagieren diese bald nur noch auf Druck. Wenn Sie glauben, dass sich in Ihrem Markt nichts mehr bewegt, dann bewegt sich auch nichts – womit Sie Ihre Annahme ungewollt selbst bestätigen. Wenn Sie unterstellen, dass Ihr Chef sich nicht für Ihre Arbeit interessiert, informieren Sie ihn nicht – und über kurz oder lang interessiert er sich mangels Information tatsächlich nicht mehr für Ihre Arbeit.

Herr Meier ist zu alt

»Der Meier ist einfach zu alt für das neue System.« Das ist zweifellos ein Vorurteil. Möglicherweise ist Herr Meier tatsächlich zu alt. Doch welche Folgen hat das Vorurteil? Er lernt tatsächlich nicht, mit dem neuen System umzugehen, weil ihm keine faire Chance dazu gegeben wird – er ist ja zu alt dafür! Was resultiert weiter daraus? Wenn er mit dem neuen System nicht arbeiten kann, wer macht dann seine Arbeit? Womöglich Sie?

Um vorurteilsfrei zu führen, ist es notwendig, seine persönlichen Vorurteile – und seien Sie versichert, auch Sie lassen sich von dem einen oder anderen Vorurteile (fehl-)leiten – aufzudecken. Nur dann können Sie diese ausräumen.

Übung

Prüfen Sie Ihre persönlichen Fehleinschätzungen und Vorurteile. Beantworten Sie folgende Fragen:

Mit welchen Mitarbeitern kommen Sie nicht zurecht?

___

___

___

___

Was passt Ihnen an diesen nicht?

___

___

___

___

Sind dies echte Mängel, oder liegt es daran, dass die Mitarbeiter anders als Sie sind?

___

___

___

___

Ermitteln Sie Ihre Vorurteile und tauschen Sie sie durch konstruktive Annahmen aus.

Wenn schon Vorurteil, dann positiv

»Herr Meier ist zwar älter. Aber in einem guten Seminar, gegebenenfalls mit Einzeltraining, lernt er die Arbeit mit dem neuen System bestimmt.« Und siehe da: Vorurteile funktionieren auch in die positive Richtung!

Wenn Sie Menschen eine Chance geben, können Sie dabei gewinnen oder verlieren. Wenn Sie ihnen keine Chance geben, verlieren Sie immer. Wollen Sie das? Sicher nicht. Vorurteile erschweren die Führung und das Leben künstlich. Am besten ist immer noch, Menschen so zu nehmen, wie sie sind. Alles andere ist Realitätsflucht.

Das setzt zunächst einmal voraus, dass Sie wissen, wie die Menschen in Ihrem Führungsbereich wirklich sind. Führungskräfte wissen dies oft leider nicht, weil sie sich nie die Mühe machen, es herauszufinden. Wozu auch? Sie haben ja ihre Vorurteile.

Finden Sie heraus, wie Ihre Mitarbeiter sind, wo ihre Stärken liegen und an welchen Schwächen eventuell gearbeitet werden sollte. Machen Sie sich ruhig Notizen, damit Sie einen guten Überblick erhalten. Sammeln Sie diese über einen längeren Zeitraum, zum Beispiel drei bis sechs Monate. Sie können beispielsweise für jeden Mitarbeiter eine Datei im PC anlegen.

Mit diesem Wissen können Sie die Stärken Ihrer Mitarbeiter gezielt nutzen und einsetzen. Das kommt Ihrer Abteilung, Ihrem Team und auch Ihnen selbst zugute.

Mangelnde Selbsteinschätzung

Viele Manager können ihre eigenen Stärken und Schwächen nicht realistisch einschätzen. Sie halten sich für die tollsten Führungskräfte, während die Mitarbeiter stöhnen und ihre Vorgesetzten den Kopf über sie schütteln. Um Ihre Selbsteinschätzung auf ein realistisches Niveau zu bringen, ist es notwendig, dass Sie sich täglich mindestens einmal folgende Fragen stellen:

Übung

Was sind aus meiner Sicht meine Stärken?

Was sind meine Schwächen?

Was halten im Gegensatz dazu Mitarbeiter, Kunden, Kollegen, Vorgesetzte und Beziehungspartner für meine Stärken und Schwächen?

Welche ex- oder impliziten Äußerungen dieser Mitmenschen weisen auf diese Fremdeinschätzung hin?

Welche von diesen Äußerungen verdränge ich gewohnheitsmäßig?

Bin ich mir überhaupt des Unterschieds zwischen Selbst- und Fremdeinschätzung bewusst? Wenn nein, wie kann ich daran arbeiten?

Damit Sie realistische Aussagen für die Fremdeinschätzungen erhalten, sollten Sie Kollegen oder auch Freunde hinzuziehen und diese unbedingt zur Kritik ermutigen. Denn nur echte, offene Aussagen können Ihnen weiterhelfen.

Buchtipp

Ausführliche Übungen und weiterführende Informationen zum Thema »Selbstbild – Fremdbild« finden Sie in dem E-Book »Selbsttraining für Führungskräfte« (S. 133 ff.) von Regina Mahlmann.

Mangelnde Disziplin

Viele Führungskräfte sind desorganisiert. Sie ertrinken förmlich im Chaos, stehen unter Zeitdruck, leben in Terminnot, erledigen ihre »eigentliche« Arbeit nach Feierabend und am Wochenende und entschuldigen dies alles damit, dass sie »so viel zu tun« oder »keine Zeit« hätten.

Objektiv betrachtet stimmt das nicht. Sie haben lediglich wenig Ahnung von Zeit- und Prioritätenplanung oder halten sich einfach nicht diszipliniert genug an Zeitpläne und setzen zu wenige Prioritäten. Sobald das E-Mail-Klingelzeichen im PC ertönt, unterbrechen sie ihre Arbeit und schauen neugierig nach. Kein Wunder, dass durch die ständigen Unterbrechungen der Arbeitsfluss verloren geht und viel mehr Zeit als eingeplant damit verbracht wird. Im Kapitel »Zeitmanagement im Führungsalltag« (s. S. 91) finden Sie weitere Hinweise, wie Sie Ihre Disziplin leichter festigen können.

Auf Trainings fragen unsere Teilnehmer oft: »Wie viel Disziplin brauche ich denn?« Darauf gibt es eine einfach Antwort: So viel wie nötig ist, um das zu erreichen, was Sie erreichen möchten. Mehr nicht. Leider ist der Begriff »Disziplin« in Deutschland (im Gegensatz zu anderen Ländern) negativ belegt. Ganz unnötigerweise: Denn Disziplin heißt lediglich, das konsequent umzusetzen, was Sie sich vornehmen.

Daran ist nun wirklich nichts Negatives. Wie kommt man zu Disziplin? Man hat sie nicht automatisch, man muss sie erwerben. Das ist aber nicht schwer.

☑ Checkliste: Disziplin entwickeln

- ☐ Wenn Sie das Wor t Disziplin stört, ersetzen Sie es durch eines, das Ihnen mehr entspricht, zum Beispiel Konsequenz, innere Stärke, Standfestigkeit, Stehvermögen, Beharrlichkeit, Commitment …
- ☐ Wenn Sie wissen, wofür Sie etwas tun, fällt Ihnen die nötige Disziplin dafür recht leicht. Je klarer Sie sich den Nutzen eines Vorhabens vor Augen halten, desto disziplinierter können Sie daran arbeiten.
- ☐ Erinnern Sie sich ständig an diesen Nutzen, beispielsweise mit Post-its am Spiegel, mit Zettelchen im Geldbeutel …
- ☐ Belohnen Sie sich für Teilerfolge.
- ☐ Je zuverlässiger und angemessener Sie sich für Teilerfolge belohnen, desto disziplinierter sind Sie.

Das Kapitel auf einen Blick

- Sie haben die fachliche Verantwortung für Ihre neue Position übernommen. Übernehmen Sie nun auch die volle Verantwortung für die Führung Ihrer Mitarbeiter.
- Vermeiden Sie die neun häufigsten persönlichen Führungsschwächen wie Konfliktscheue, hohe Impulsivität, Vorurteile ...

Viele Führungskräfte überschätzen ihre Führungskompetenz

Führungskompetenz realistisch einschätzen

Wer in eine Führungsposition aufsteigt, freut sich in der Regel: Endlich kann man selbst bestimmen, wo es langgeht! Schließlich hat man die Arbeit, der man nun vorsteht, jahrelang selbst gemacht. Die nötige Fachkompetenz ist zweifellos vorhanden. Deshalb ist die Führungskraft zuversichtlich: »Ich kenne mich in der Materie aus. Ich kann alle Probleme in meinem Führungsfeld lösen!« Oft tritt aber genau das Gegenteil ein:

- Mitarbeiter lehnen die Fachkompetenz des neuen Vorgesetzten ab, weil sie sich selbst als fachkompetenter erachten.
- Sie wollen selbst bestimmen, wie sie ihre Arbeit machen. Sie wollen sich nicht »reinreden« lassen.
- Die Kompetenz des Chefs macht einigen Mitarbeitern Angst: Sie messen sich an seiner überragenden Fachkompetenz und fühlen sich dadurch unter Druck gesetzt.
- Andere Mitarbeiter wiederum werden passiv und denken nicht mehr mit, weil: »Der Chef weiß doch eh alles besser!«
- Einige Mitarbeiter lassen den Chef auflaufen, um ihm zu zeigen, dass er eben nicht so fachkompetent ist, wie er meint.

Das überrascht Führungskräfte immer wieder: Zeigt der Chef seine Fachkompetenz, nehmen ihm das viele Mitarbeiter übel!

Die überschätzte Fachkompetenz

Führungskräfte sind oft erstaunt, dass ihre Fachkompetenz bei der neuen Führungsaufgabe plötzlich nichts mehr wert zu sein scheint. Sie erleben: Fachkompetenz ist nicht der erhoffte Vorteil, sondern eher ein Nachteil für die Führungsposition! Wie kommt es zu dieser Situation? Durch einen simplen Irrtum: Die Führungskräfte glauben, weil sie fachkompetent sind, seien sie auch führungskompetent. Wie kommen sie zu diesem Irrtum? Gegenfrage: Was ist das Wichtigste im Beruf, *bevor* man Führungskraft wird? Logisch: dass man fachkompetent ist.

Das betriebliche Umfeld glaubt das Gegenteil. So sagen beispielsweise viele Kollegen und Mitarbeiter in einem österreichischen Konsumgüterunternehmen über den vor Kurzem zum Verkaufsleiter beförderten Spitzenverkäufer: »Der Typ ist leicht größenwahnsinnig. Ein guter Verkäufer ist doch noch lange kein guter Verkaufsleiter!«

Die Folgen für die Führungskraft

Die Führungskräfte merken recht schnell, dass ihre Fachkompetenz nicht besonders hilfreich, oft sogar hinderlich in der neuen Funktion ist. Sie fühlen sich deshalb schon kurz nach ihrem Einstand inkompetent und bedeutungslos. Teilnehmer auf Seminaren und Coachings sagen immer wieder: »Warum bin ich überhaupt Vorgesetzter, wenn meine Fachkompetenz offensichtlich nichts bewegen kann?«

Sie fühlen sich isoliert: Ihre Mitarbeiter zeigen ihnen manchmal deutlich die kalte Schulter, und nicht einmal ihr eigener Vorgesetzter versteht sie. Sie fühlen sich unwohl im neuen Job. Dieses Gefühl reicht bis in die Identitätskrise hinein: Bislang haben sie sich über ihre Fachkompetenz identifiziert. Sie waren gute Elektriker, kompetente Ingenieure, kreative Grafikerinnen ... Jetzt ist die Fachkompetenz, aus der sie ihre Bestätigung zogen, nicht mehr viel wert – damit ist auch ihrem Identitätsgefühl die Grundlage entzogen.

Führen ist ein neuer Beruf

Solange Sie in Ihrer neuen Funktion weiterhin hauptsächlich auf Ihre Fachkompetenz bauen, werden Sie auch weiterhin Probleme mit Ihrer eigentlichen Aufgabe haben. Oder wie der österreichische Vorgesetzte seinem frischgebackenen Verkaufsleiter rät: »Herr Müller, als Verkaufsleiter ist es nicht mehr Ihr Job, herausragend zu verkaufen, sondern dafür zu sorgen, dass Ihre Mitarbeiter herausragend verkaufen!« Damit trifft er den Nagel auf den Kopf: Führen ist ein neuer Beruf.

Selbst wenn Sie vom Verkäufer zum Verkaufsleiter, vom Monteur zum Montageleiter, vom Produktmanager zum Marketingleiter wechseln, also innerhalb Ihres Fachgebiets bleiben: Das ist trotzdem eine vollkommen andere Tätigkeit! Diese Erkenntnis fällt vielen neuen Führungskräften schwer. Sie können den alten Job nicht loslassen. Kein Wunder, denn schließlich haben sie sich jahrelang über diesen alten Beruf definiert. Doch jetzt zählen ganz andere Dinge: nicht machen, sondern machen lassen. Nicht ausführen, sondern führen.

Tipp

Im Führungsalltag kommt es zu 20 Prozent auf Fachkompetenz und zu 80 Prozent auf Führungskompetenz an.

Führungskompetenz können Sie erwerben. Dafür ist zunächst einmal nicht viel mehr nötig als ein Entschluss, eine bewusste Rollenveränderung: Legen Sie sich ein erweitertes Rollenverständnis zu. Sie sind seit Ihrer Beförderung nicht nur … (was immer vorher Ihr Beruf war), sondern vor allem Führungskraft. Dieses erweiterte Rollenverständnis ist der erste Schritt in Richtung Führungskompetenz. Erweitern Sie Ihr Rollenverständnis nach folgendem Muster: Bislang waren Sie Fachexperte. Werden Sie nun zusätzlich Führungsexperte!

Erst wenn Sie beides miteinander verbinden, wird Führung daraus. Wie erwerben Sie die nötige Führungskompetenz? Indem Sie drei Schritte tun:

- Erweitern Sie Ihr Rollenverständnis.
- Legen Sie sich Führungskompetenz in 20 Punkten zu.
- Besorgen Sie sich das Handwerkszeug für Führungskräfte.

Den ersten Schritt haben Sie bereits getan. Wichtig ist, dass Sie sich in den nächsten Wochen und Monaten dieses neue Rollenverständnis immer wieder vergegenwärtigen. Sobald Ihr neues Rollenverständnis gefestigt ist, sind Sie bereit für den nächsten Schritt.

21 Punkte Führungskompetenz

Was Fachkompetenz ist, wissen Sie. Sie haben genug davon. Doch was genau ist Führungskompetenz? Sie können das sehen. Sie brauchen dazu nur eine erfolgreiche Führungskraft bei der Arbeit zu beobachten. Dabei wird Ihnen auffallen: Führungskompetenz ist deutlich sichtbar! Ins Auge fallen insbesondere 21 Punkte.

21 Punkte Führungskompetenz

- **Eine besonders erfolgreiche Führungskraft weiß heute schon, wo sie in fünf Jahren mit ihrem Führungsbereich stehen will.** Wissen Sie das auch? Sie müssen das nicht aus dem Stand wissen. Arbeiten Sie eine Vision aus.
- **Sie sucht aktiv neue und größere Verantwortung**, packt von sich aus neue Ideen, Herausforderungen und Projekte an und wartet nicht, bis sie gefragt wird. Welche neuen Herausforderungen haben Sie im Auge?
- **Sie hat Unternehmergeist**, führt also nicht nur die Vorgaben aus, die von oben kommen, sondern identifiziert sich mit diesen Zielen. Können Sie sich mit den Zielen Ihres Unternehmens grundsätzlich identifizieren? Wenn nicht: Arbeiten Sie daran. Innere Einstellungen kommen nicht von allein.
- **Eine solche Führungskraft ist risikobereit.** Das heißt, sie geht Risiken ein, wenn diese sich lohnen. Welches Risiko haben Sie in letzter Zeit gescheut und warum?
- **Sie hat keine Angst, Fehler zu machen**, weil sie Fehler als Feedback, nicht als Versagen betrachtet. Es kommt nicht darauf an, dass man Fehler macht, sondern darauf, was man daraus lernt. Was haben Sie aus Ihrem letzten Fehler gelernt? Wenn nötig, ändern Sie Ihre Einstellung zu Fehlern. Ein Coach kann dabei hilfreich sein.
- **Sie ist Vorbild** und praktiziert das, was sie von anderen verlangt. Wer zum Beispiel Disziplin von seinen Mitarbeitern verlangt, kommt selbst pünktlich zu Meetings. In welchen Dingen sind Sie Ihren Mitarbeitern Vorbild? Wo noch nicht?
- **Sie kann sich selbst motivieren** – sie wartet nicht darauf, dass der Chef das tut. Sie kennt die eigenen Motivatoren. Kennen Sie Ihre? Was begeistert Sie bei der Arbeit? Wie können Sie sich so viel davon verschaffen, dass Sie motiviert sind? Sie finden das sicher nicht in fünf Minuten heraus. Motivforschung in eigener Sache ist aktive Eigenwahrnehmung. Üben Sie sich darin.
- **Sie ist konfliktbereit**, geht Konflikten nicht aus dem Weg, sondern kann mit ihnen umgehen. Wie viele Konflikte haben Sie in der letzten Woche geklärt? Jede Zahl unter drei deutet auf eine Tendenz zur Konfliktvermeidung hin. Arbeiten Sie an Ihrer Konfliktkompetenz.

- **Sie hat Spaß an der Kommunikation**, hat keine Angst, Feedback zu geben und zu bekommen, sieht Kommunikation als Werkzeug der Führung, nicht als Mittel der Selbstdarstellung (!), und kennt die Wirkungsprinzipien der Kommunikation. Für wie kommunikativ halten Sie Ihr Chef, Ihre Mitarbeiter, Ihre Kunden, Kollegen und Geschäftspartner? Reicht das? Wenn nicht, arbeiten Sie daran.
- **Eine erfolgreiche Führungskraft ist belastbar** und geht unter Stress nicht in die Knie, sondern kann mit Druck umgehen, das heißt ihn umgehen oder annehmen, verteilen oder delegieren. Was hat Sie in letzter Zeit unter Druck gesetzt? Wie sind Sie damit umgegangen?
- **Sie jammert wenig.** Sie klagt weniger, löst mehr. Wann haben Sie das letzte Problem gelöst? Die richtige Antwort: vor … Minuten.
- **Sie beherrscht ihr Zeitmanagement.** Sie schafft ihr Tagespensum, hält Termine ein, macht wenige Überstunden und erreicht ihre Ziele. Wie viele Überstunden machen Sie?
- **Sie sorgt für sich.** Sie sorgt für die eigene Gesundheit, das Wohlbefinden, die privaten Beziehungen, die eigene Freizeit und soziale Kontakte (Work-Life-Balancing). Was haben Sie heute für sich selbst getan?
- **Sie hat keine Angst vor Macht** und davor, Macht bei Bedarf auch einzusetzen. Wie stehen Sie zu Ihrer Macht?
- **Sie hat keine Angst, Entscheidungen zu treffen**, auch wenn diese unpopulär sind. Wie viele Entscheidungen haben Sie gestern getroffen? Jede Zahl unter zehn deutet auf eine Entscheidungshemmung hin.
- **Sie zeigt Empathie**, das heißt, will und kann sich in andere hineinversetzen. Wie zeigen Sie Ihre Empathie?
- **Sie betrachtet Mitarbeiter nicht als Untergebene**, sondern als Mit-Arbeiter. Was denken Sie über Ihre Mitarbeiter? Welche konkreten Vorurteile über sie sollten Sie ausräumen?
- **Sie kennt ihre Werte.** Welche Werte haben Sie? Welche fünf Werte nutzen Ihnen bei der Führung am meisten?
- **Sie teilt Erfolge** mit den eigenen Mitarbeitern und gibt Erfolge von Mitarbeitern nicht als eigene aus. Welchen Erfolg haben Sie mit Ihren Mitarbeitern zuletzt geteilt?
- **Sie zeigt Anerkennung**, wem Anerkennung gebührt. Wie oft haben Sie heute schon eine konkrete Leistung mit einer anerkennenden Bemerkung quittiert? Jede Zahl kleiner als fünf ist ein Hinweis auf mangelnde Feedbackkompetenz.
- **Sie ist fair** und behandelt keine Mitarbeiter bevorzugt oder benachteiligt. Stehen Sie einem bestimmten Mitarbeiter besonders nahe? Welcher ist Ihnen besonders unsympathisch? Hat das Auswirkungen auf Ihr Führungsverhalten?

Der Führungs-Check

Wie fit sind Sie in Sachen Führung? Welche der obigen 21 Erfolgskriterien erfüllen Sie bereits? Diese 21 Kriterien für Führungskompetenz sind recht einleuchtend. Kein einziges wird Ihnen neu sein. Doch darauf kommt es nicht an. Worauf es ankommt: Haben Sie den Test bestanden? Haben Sie schon einmal Ihre Führungskompetenz von Punkt 1 bis 21 durchgecheckt? Wenn nicht, dann tun Sie es jetzt.

> **Tipp**
>
> Checken Sie Punkt für Punkt durch und markieren Sie jene Punkte, die Sie an sich verbessern möchten.

Danach priorisieren Sie Ihre persönliche Checkliste. Setzen Sie zuoberst jenen markierten Punkt, den Sie am dringlichsten verbessern möchten. Den am wenigsten dringlichen setzen Sie an letzter Stelle. Setzen Sie sich für die priorisierten Punkte jeweils smarte Ziele (s. S. 72) und überlegen Sie sich konkrete Maßnahmen zur Erreichung Ihrer Ziele.

Sie werden feststellen: Für einige der 21 Kompetenzpunkte müssen Sie lediglich über die gestellten Fragen nachdenken und die Antworten in die Tat umsetzen. Bei einigen anderen benötigen Sie Unterstützung in Form von Training, Coaching oder Mentoring. Je länger Sie sich mit der Checkliste beschäftigen, desto vollkommener werden Ihre Fähigkeiten – bis Sie schließlich in allen 21 Punkten kompetent sind.

Mit etwas Disziplin ist das in ungefähr einem halben Jahr möglich – obwohl man natürlich nie perfekt ist. Ein Kennzeichen besonders erfolgreicher Führungskräfte: Sie arbeiten ständig an ihren 21 Erfolgskriterien.

Das Kapitel auf einen Blick

- Erweitern Sie ganz bewusst Ihr Rollenverständnis: Bislang waren Sie Fachexperte – jetzt wollen Sie auch zum Führungsexperten werden!
- Gehen Sie am besten wöchentlich den Führungs-Check mit seinen 21 Punkten durch und priorisieren Sie Ihren Trainingsbedarf, der sich daraus ergibt.

Karrierechancen richtig einschätzen

Wie sind Ihre Karrierechancen?

Zu den tragischsten Fehleinschätzungen neuer Führungskräfte zählt die falsche Einschätzung ihrer Karrierechancen. Die meisten glauben, genau zu wissen, worauf es in ihrer neuen Position ankommt: »Nur die Leistung zählt!« Weil sie das glauben, verausgaben sie sich, machen viele Überstunden, vernachlässigen Privatleben und Familie und erbringen beachtliche Leistungen – anerkannt und befördert werden jedoch oft andere. Meist haben diese Bevorzugten nicht einmal annähernd die Ergebnisse des leistungsorientierten Managers gebracht! Trotzdem bekommen sie die Beförderung oder die Anerkennung, die Privilegien und Statussymbole, die guten Jobs und die wichtigen Projekte, die Prestigekunden, den Firmenparkplatz direkt vor dem Haupteingang oder den höheren Jahresbonus. Viele Jungmanager verstehen in solchen Augenblicken die Welt nicht mehr.

Zeigen Sie, wie gut Sie sind!

Es reicht eben nicht, Leistung zu bringen; so hart das klingt. Es reicht nicht, gut zu sein – Sie müssen es auch zeigen! Entscheidend für die berufliche Anerkennung und das Vorwärtskommen sind zu 20 Prozent Leistung und Können, zu 80 Prozent Selbstdarstellung und gute Beziehungen.

Sie finden das ungerecht? Das kann durchaus so empfunden werden. Es ist auf der anderen Seite jedoch logisch: Wie soll ein Topmanager erkennen, dass eine neue Führungskraft hoch kompetent ist, wenn diese überhaupt nicht auffällt?

Tipp

Möchten Sie im Beruf Anerkennung ernten, bringen Sie gute Leistungen, machen Sie auf sich aufmerksam und lernen Sie die richtigen Leute kennen.

So einfach diese Empfehlung ist, viele frisch Beförderte zeigen deutliche Defizite bei Selbstpräsentation und Netzwerkbildung. Warum? Weil sie ihre Prioritäten falsch setzen. Sie investieren 95 Prozent ihrer Zeit, Aufmerksamkeit und Energie in das Erbringen von Leistung, jedoch nur fünf Prozent in die eigene Präsentation und ins Networking. Kein Wunder, dass nach der ersten Beförderung das Vorwärtskommen oft ins Stocken gerät und die Anerkennung von oben spärlich fließt oder ganz ausbleibt. Beachten Sie also die folgenden Prioritäten.

☑ Checkliste: Prioritäten richtig setzen

- ☐ Bringen Sie nicht Leistung, sondern vorzeigbare Leistung.
- ☐ Beachten Sie die Managementspielregeln.
- ☐ Karriere passiert nicht, sie wird geplant.
- ☐ Erlernen Sie, was im Führungsjob gefordert ist.
- ☐ Investieren Sie in Ihre Selbstpräsentation.
- ☐ Wenn Sie sprechen, sprechen Sie wie eine Führungskraft.
- ☐ Richten Sie Ihr Büro neu ein.
- ☐ Stehen Sie zu Statussymbolen.
- ☐ Networken Sie.

Jede dieser Prioritäten werden wir im Folgenden genauer betrachten.

Bringen Sie vorzeigbare Leistung!

»Nur die Leistung zählt!« – das glauben unerfahrene Führungskräfte. Doch so stimmt das nicht. Es fehlt ein Wort: Nur *vorzeigbare* Leistung zählt. Was neue Vorgesetzte als Leistung betrachten und worauf sie stolz sind, ist in den Augen ihrer eigenen Vorgesetzten oft keine oder eine nachrangige Leistung.

Tun Sie, was *nötig* ist. Aber packen Sie vor allem auch Aufgaben und Projekte an, die *erwartet* werden – von Ihrem Chef erwartet werden! Sie wissen nicht, welche das sind? Das geht vielen Führungskräften so. Denn in vielen Unternehmen existieren heute immer noch keine expliziten Anforderungsprofile für Führungskräfte, keine formalen Aufgabenstellungen, Prioritätenlisten oder Zielsysteme. Klagen Sie nicht – besorgen Sie sich die nötigen Informationen. Information ist auch Holschuld. Holen Sie die Erwartungen Ihrer Chefs ein. Fragen Sie sie nach ihren Prioritäten und Zielen, betreiben Sie Auftragsklärung wie gegenüber Kunden (Ihre Chefs sind Ihre wichtigsten internen Kunden). Dabei schlagen Sie zwei Fliegen mit einer Klappe: Sie bringen in Erfahrung, was von Ihnen erwartet wird, und Sie machen einen guten Eindruck. Ihr Chef wird denken: »Der Neue packt an, engagiert sich, denkt unternehmerisch!« Damit empfehlen Sie sich für Höheres und die verdiente Anerkennung.

Vorsicht, neue Spielregeln!

Viele Neulinge in der Führungsverantwortung übersehen, dass in ihrer neuen Funktion völlig neue Spielregeln gelten. Sie engagieren sich nach Kräften und verstehen nicht, warum ihnen die verdiente Anerkennung versagt wird. Dabei ist die Antwort einfach: Weil sie gegen Spielregeln verstoßen. Betrachten wir einige der wichtigsten Regeln, die im Management gelten.

- **Wenn Sie führen, kleiden Sie sich auch so:** Viele Ingenieure, die zum Vorgesetzten befördert wurden, kleiden sich weiter wie Ingenieure. Das fällt ihnen kaum auf – dafür umso mehr ihren Vorgesetzten, Kunden und Mitarbeitern. Das gibt ein schlechtes Image ab. Also: Wer Vorgesetzter ist, sollte auch so aussehen. Sehen Sie nicht wie ein Vorgesetzter aus, denken Ihre Führungskollegen: »Der gehört wohl nicht zu uns!« Damit tun Sie sich und Ihrer Akzeptanz unter den Kollegen keinen Gefallen. Schauen Sie sich um: Welcher Dresscode gilt unter den Kollegen? Kleiden Sie sich so, dass Sie dazupassen, dazugehören. Welche Accessoires und Statussymbole gehören in Ihrer Firma zur Ausstattung von Führungskräften? Und welche auf keinen Fall? Selbstverständlich dürfen Sie innerhalb dieser inoffiziellen Kleiderordnung Ihren eigenen Stil pflegen.
- **Verschonen Sie erfahrene Manager mit Ihrem Rat:** Gerade Jungmanager neigen dazu, bei Themen reinzureden, zu denen sie zwar Wissen, aber nur geringe Erfahrung haben. Das verärgert jene Manager, die schon länger in Führungspositionen sind. Das bedeutet: Halten Sie sich in Meetings in den ersten Monaten vornehm zurück. Reden Sie mit, aber vermeiden

Sie alles, was den Eindruck erwecken könnte, Sie missachteten die Erfahrung der gestandenen Manager. Das kommt bei älteren Kollegen oft als mangelnder Respekt und voreiliges Vorpreschen an. Was dagegen angenehm ankommt: intelligente und interessierte Fragen stellen. Das zeigt erstens Engagement, zweitens Respekt und drittens Sachkenntnis.

- **Arbeiten Sie zielorientiert:** Etliche, die eben erst befördert wurden, arbeiten so weiter, wie sie es gewohnt sind: Sie erledigen eben ihre Arbeit. Sie laufen mit im Rudel. Mit dieser Einstellung gerät man fast zwangsläufig ins Hintertreffen. Führen ist etwas anderes als »normales« Arbeiten. Im Management ist alles viel kompetitiver, erfolgs- und zielorientierter, ehrgeiziger. Das erkennen Sie an Managementsprüchen wie: »Es zählt nur, was dabei rauskommt!« – »Das muss sich rechnen!«
- **Erzählen Sie Ihre Ideen nicht jedem:** Neue Führungskräfte beschweren sich oft, dass man ihnen schon wieder eine Idee geklaut hat, mit der sich jetzt ein Kollege oder Vorgesetzter brüstet und dafür Anerkennung bekommt, die eigentlich ihnen zustehen würde! Unser Rat: Behalten Sie (in Vieraugengesprächen) gute Ideen für sich – so lange, bis Sie sie auf eine Weise (vor Publikum oder schriftlich) präsentieren, die keinen Zweifel daran lässt, wer der Urheber ist. Wissen ist Macht.
- **Kennen Sie die richtigen Leute:** Viele Manager setzen aufs falsche Pferd und geben sich mit den falschen Leuten ab. Finden Sie heraus: Wer ist in meiner Firma für meine Position wichtig? Wer nicht? Wer steht mit wem gut? Welche Manager bekämpfen sich? Wer ist auf dem absteigenden Ast? Wer ist der kommende Mann? Wie ist die informelle Hierarchie besetzt? Wer sitzt am kleinen Dienstweg? Finden Sie in Meetings heraus: Wer sind die Alpha-Tiere? Wem sollte ich laut beipflichten und bei wem mich eher bedeckt zeigen? In wessen Projektteams sollte ich mitarbeiten?
- **Finden Sie heraus, warum Sie befördert wurden:** Manch einer nimmt an, dass er befördert wurde, weil er eben so gut ist. Das kann, muss aber nicht sein. Vielleicht wurden Sie befördert, weil man in Ihnen das große Zugpferd für Ihren Führungsbereich sieht und wahre Wunder von Ihnen erwartet? Oder weil alle anderen Kandidaten vorher abgesagt haben? Finden Sie heraus: Bin ich Wunschkandidat oder Lückenbüßer? Platzhalter für den eigentlichen Kandidaten, der mich in einem Jahr ersetzen soll? Bin ich wichtig, geduldet, oder werde ich belächelt? Hören Sie sich um. Was sagen die Kollegen und der Flurfunk? Finden Sie heraus, warum Ihr

Vorgänger ging. Achten Sie besonders auf Andeutungen, die hier und da fallen.

- **Es gibt keine Schonfrist:** Viele, die gerade aufgestiegen sind, denken: »Ich bin eben erst befördert worden – da muss ich nicht gleich alles auf den Kopf stellen! Erst mal in aller Ruhe einarbeiten.« Das klingt vernünftig, ist es aber nicht: Im Management gibt es nicht wie in der Politik die Schonfrist der ersten 100 Tage. In der Führung erwartet man von Ihnen vom ersten Tag an entscheidende Impulse. Sonst fragt sich Ihr Vorgesetzter unweigerlich: »Lange nichts mehr von ihm gehört – warum eigentlich haben wir ihn befördert?«

Karriere passiert nicht, sie wird geplant

Viele Männer und Frauen, die die erste Stufe der Karriereleiter erklommen haben, sind hoch motiviert, stürzen sich förmlich in die Arbeit und wundern sich nach einiger Zeit zunehmend, warum es nach der ersten Stufe nicht weitergeht. Karriere passiert nicht, sie wird gemacht.

Wenn Sie weiterkommen möchten, sollten Sie das selbst in die Hand nehmen und es nicht den Vorgesetzten überlassen. Karriere ist das Ergebnis von Karriereplanung. Es gibt auch Zufallskarrieren. Aber möchten Sie darauf warten, dass Ihnen der Zufall hold ist?

☑ Checkliste: Karriereplanung

Karriereplanung ist der Grundstock jeder Karriere. Planen Sie:

- ☐ Will ich es überhaupt weiterbringen? Oder bin ich ganz glücklich hier, wo ich jetzt bin? Falls Sie die letzte Frage bejahen, ist Ihre Karriereplanung für das laufende Jahr beendet. Stellen Sie sich die Frage wieder im nächsten Jahr – aber warten Sie nicht zu lange mit dem nächsten Karriereschritt; Sie könnten irgendwann den Zug verpassen.
- ☐ Wo genau möchte ich hin?
- ☐ Ist das in dieser Firma möglich?
- ☐ Wer sitzt auf meinem nächsten Wunschposten? Wird die Position überhaupt auf absehbare Zeit frei?

- ☐ Wie komme ich da hin, wo ich hin möchte? Was ist nötig dafür? Wie kam der Vorgänger dahin?
- ☐ Wie kann ich die maßgeblichen Manager darauf aufmerksam machen, dass ich das kann, was für meine Wunschposition nötig ist?
- ☐ Wie signalisiere ich meinem derzeitigen Vorgesetzten zu gegebener Zeit, dass ich aufsteigen möchte? Kann er mir dabei hilfreich sein, oder würde er mich eher halten wollen?
- ☐ Wem signalisiere ich wann und wie, dass ich bereit bin, mehr Verantwortung zu übernehmen?
- ☐ Bin ich bereit, die Kosten des nächsten Karriereschritts zu tragen? Überstunden, Wochenendarbeit, mehr Druck, weniger Privatleben …

Lernen Sie die nötigen Fähigkeiten!

Für eine Führungsposition werden zusätzliche Fähigkeiten verlangt: Führungskompetenz und kommunikative Fähigkeiten, Beherrschen betriebswirtschaftlicher Instrumente, Präsentation und Selbstpräsentation, unternehmerisches Denken. Klären Sie ab:

- Was wird von mir als Führungskraft verlangt? Es empfiehlt sich, darüber eine Liste zu erstellen, weil man sonst schnell den Überblick verliert und wichtige Fähigkeiten übersieht.
- Welche von diesen erwarteten Fähigkeiten bringe ich schon in ausreichendem Maße mit?
- Wann und wie besorge ich mir das Fehlende?

So einfach diese drei Fragen sind, sie werden oft nicht gestellt. Die meisten Manager gehen davon aus, dass die neuen Fähigkeiten irgendwie und irgendwann schon wachsen werden. Das ist ein Irrtum.

Präsentieren Sie sich!

»Das merken die da oben doch, was ich leiste!«, glauben viele. Das ist Wunsch, nicht Wirklichkeit. Ihr Chef hat so viele andere Aufgaben, da bekommt er

Ihre guten Leistungen nicht immer mit. Also reden Sie darüber. Sie müssen ohnehin in so viele (unnötige, ineffiziente) Meetings – nutzen Sie diese als willkommene Gelegenheit, Ihre Leistungen zu präsentieren. Erwähnen Sie beiläufig einige der Erfolge, die Sie seit dem letzten Meeting erzielt haben – das muss natürlich zum Thema passen. Aber genau das ist die Kunst der Selbstpräsentation.

Scheuen Sie sich auch nicht davor, Präsentationen zu übernehmen. Sie müssen nicht jede angebotene Präsentation halten, aber wenigstens jede zweite. Eine kurze, prägnante, interessante und publikumsnahe Präsentation ist die beste Selbstpräsentation – man präsentiert ja immer auch sich selbst dabei.

Auch Ihr Auftreten ist wichtig. Treten Sie gerade auch in stressigen Situationen selbstsicher und souverän in Mimik, Gestik und Körperhaltung auf. Wer sich hier unsicher fühlt, dem seien das Training vor dem Spiegel, ein Körpersprachetraining oder -Coaching empfohlen.

Echte Manager reden anders

Hören Sie mal einem »einfachen« Mitarbeiter und danach einem gestandenen Manager zu. Hören Sie den Unterschied? Echte Manager reden anders. Sie reden direkt, auf den Punkt, effektiv und effizient, wirksam, nachdrücklich, selbstbewusst, ziel- und leistungsorientiert, handlungsanweisend, kritisch oder motivierend. Das ist logisch. Sie sind oder werden demnächst Führungskraft – dann reden Sie auch so!

Sie müssen dafür keine Fremdsprache lernen. Es genügt schon, wenn Sie aufmerksam beobachten, was Sie den Tag über wie sagen, und Ihren Wortschatz und Sprachstil nach und nach umstellen.

Richten Sie Ihr Büro ein!

Es macht keinen guten Eindruck, wenn es im Büro vom Chef wie in der Werkstatt aussieht. Managerbüros sehen anders aus. Damit jeder Besucher gleich sieht: »Aha, hier sitzt der Chef!« Damit die eigenen Mitarbeiter etwas haben, zu dem sie aufsehen können. Damit man zu den Managerkollegen passt. Und damit der eigene Chef einen als Seinesgleichen anerkennt. Deshalb sollten Sie auch in diesen budgetknappen Zeiten Ihr Büro neu gestalten, wenn Sie befördert werden – so weit das budgetär möglich ist. Statussymbole sind nicht alles. Doch ohne Statussymbole machen Sie sich Ihr Leben in der neuen Funktion unnötig schwer, weil Sie Ihr Image und Ihre Akzeptanz beschädigen. Was uns zum nächsten Punkt bringt.

Stehen Sie zu Statussymbolen!

Warum ein Smart kein A6 ist

Neulich sagte einer unserer Coaching-Klienten, ein Ingenieur: »In meiner Position steht mir jetzt ein Firmenwagen zu, ein A6. Aber eigentlich brauche ich so einen großen Wagen gar nicht. Ich frage mal den Geschäftsführer, ob ich auch einen Smart haben kann und er mir den Rest in Cash ausbezahlt.« Als Coach bleibt einem bei solchen Sätzen fast das Herz stehen.

Wie sieht das aus, wenn alle Gruppenleiter im A6 auf den Firmenhof fahren und nur einer mit einem Smart? Nichts gegen den Smart – ein wirklich pfiffiges Auto. Doch das interessiert die Mitarbeiter und Kollegen nicht. Die zweifeln nur Ihre Managementkompetenz an.

Tipp

Stehen Sie nicht nur zu den Statussymbolen Ihrer Position, kämpfen Sie darum!

Kämpfen Sie darum, dass Sie am ersten Arbeitstag in der neuen Position bereits die korrekten Visitenkarten haben. Kämpfen Sie um Privilegien und Statussymbole. Machen Sie mit! Das ist ein Spiel. Ein manchmal absurdes. Doch wer nicht mitmacht, kann nicht gewinnen. Wenn Ihnen berufliches Vorwärtskommen unwichtig ist, steigen Sie aus dem Spiel aus. Wenn nicht, spielen Sie mit. Es macht, wie alle Spiele, Spaß und bringt Sie weiter.

Networken Sie!

Ob Sie es im Beruf weiterbringen, hängt auch davon ab, wie Sie sich präsentieren und ob Sie die richtigen Leute kennen. Vitamin B oder auf Neuhochdeutsch: Networking.

Tipp

Gründen Sie Ihr eigenes Karrierenetzwerk.

Das fängt schon bei der Sekretärin an – falls vorhanden. Wenn Sie sie vom Vorgänger übernommen haben, ist sie eine hervorragende Informationsträgerin. Sie kennt viele der Erfolgsgeheimnisse für Ihre Position. Wenn Sie sie als Verbündete gewinnen, haben Sie viel gewonnen.

Ersetzen Sie sie nach Möglichkeit nicht – es sei denn, sie war und ist noch mit Ihrem Vorgänger liiert, ihm immer noch sehr loyal verbunden oder bringt Ihnen unüberwindbare Antipathie entgegen. Die nächste Position im Networking sind die Kollegen: Welche können Ihnen nützlich sein?

Wie entstehen »kleine« Dienstwege?

Beim Führungsnachwuchstraining lernt Monika, 36 Jahre, kürzlich zur Niederlassungsleiterin befördert, einen netten Kollegen aus der Marketingabteilung kennen, der demnächst zum Leiter der Marketing Services befördert werden soll. Man kommt ganz zwanglos ins Gespräch und tauscht gegenseitig Interessen aus. Seither bekommt Monika ihre Werbemittel wesentlich schneller als die anderen Kolleginnen und Kollegen, kann ihre Märkte schneller und besser bearbeiten – und bekommt so viele Pluspunkte. Einfach nur, weil sie mit dem netten Kollegen den berühmten »kleinen Dienstweg« geschaffen hat. Dafür versorgt sie ihn regelmäßig mit neuesten Marktdaten, die er für sein Marketing braucht. Bilden Sie mit Kollegen Allianzen und schaffen Sie kleine Dienstwege.

Damit geht alles schneller und leichter, ohne die übliche Bürokratie. Warten Sie nicht, bis Ihnen ein sympathischer Kollege über den Weg läuft. Überlassen Sie so etwas Wichtiges nicht dem Zufall. Werden Sie gezielt aktiv! Mit einer Fraktion im Rücken erreichen Sie mehr als im Alleingang.

Gemeinsam geht es manchmal schneller

Martin ist seit neuestem Abteilungsleiter. Er benötigt dringend Simulationssoftware für einen fünfstelligen Betrag, um Marktentwicklungen korrekt antizipieren zu können. Sein Geschäftsführer schmettert das ab: »Zu teuer!« Also hört Martin sich unter den Kollegen um: Drei von acht bräuchten die Software ebenfalls. Martin setzt für diese »Viererbande« ein Papier auf, das er dem Geschäftsführer weiterreicht. Dieser antwortet: »Wenn das alle wollen, dann müssen wir das eben haben!«, und genehmigt das Budget.

Suchen Sie sich einen Mentor. Einige Unternehmen haben offizielle Mentoring-Programme. Falls Ihres das nicht hat: Suchen Sie sich trotzdem einen Mentor. Es lohnt sich. Profitieren Sie sowohl von seiner reichen Erfahrung als auch von seinen Beziehungen. Sie müssen das nicht formell machen à la »Wollen Sie mein Mentor sein?«. Es ist wie mit der eben erwähnten Fraktionsbildung: Auch mit Topmanagern kann man warm werden, indem man sich über gemeinsame Themen austauscht. Topmanager schätzen es, wenn man ihnen Respekt zeigt – oft reicht das schon als Start für eine informelle Mentorenschaft.

Halten Sie sich Kontakte außerhalb der Firma warm. Networking außerhalb, sozusagen. Man weiß ja nie, welche tollen Positionen und Möglichkeiten sich bei Lieferanten, Auftraggebern, Kunden oder anderen Geschäftspartnern auftun. Wenn Sie dringend den Arbeitgeber wechseln müssen, ist es meist zu spät, sich nach guten Kontakten umzusehen. Also pflegen Sie diese vorher. Und sagen Sie nicht, dass Sie Wichtigeres zu tun hätten. Nicht nur Ihre Arbeit ist wichtig. Auch Sie sind wichtig! Also investieren Sie hin und wieder in sich selbst. Zeigen Sie sich in professionellen Social-Media-Netzwerken (zum Beispiel XING, LinkedIn), besuchen Sie Afterwork-Partys und berufsbezogene Vortragsabende und Kamingespräche.

Pflegen Sie gute Beziehungen auch zu einigen Topmanagern. Der Nutzen liegt auf der Hand: Man erreicht mehr, wenn man Verbündete ganz oben hat. Also beäugen Sie »die da oben« nicht mit unnötigem Misstrauen, sondern pflegen Sie den Kontakt in Meetings, Präsentationen, Projektgruppen, bei Empfängen, Jubiläumsfeiern, sozialen Veranstaltungen oder auch im Gang, im Aufzug oder sonst wie auf dem Firmengelände. Kommen Sie ins Gespräch. »Mir fällt spontan nie ein passendes Thema ein!« Das ist spontan auch sehr schwer. Das will vorbereitet sein: »Wenn ich das nächste Mal dem Finanzchef begegne, sage ich ihm, dass ich seine Anweisung, säumige Kunden nur noch mit Vorbehalt zu beliefern, für eine ziemliche Effizienzsteigerung in unserer Abteilung halte.« Das hört er gern. Bei dieser Gelegenheit stellen Sie sich vor. Bei der nächsten erinnert er sich dann an Ihr Gesicht. Bei der übernächsten an Ihren Namen – und so weiter.

Geben und nehmen Sie im Netzwerk gleichgewichtig. Im Netzwerk herrscht die Kunst des ausgewogenen Handelns: Was will ich von ihm, und was kann ich ihm dafür anbieten? Nur wenn die Konten mittelfristig einigermaßen ausgeglichen sind, funktioniert das Netzwerk. Viele Menschen schließen sich Netzwerken an, um von anderen zu profitieren, ohne selbst einen Beitrag zu leisten. Dies kann langfristig zu einer übergreifenden Demotivation im Netzwerk führen und im schlimmsten Fall dazu, dass die Menschen sich zurückziehen, die das Netzwerk primär tragen.

Verwechseln Sie nicht Freundschaft und Netzwerk. Viele junge Manager bewegen sich oft in einer Clique, gehen mit den Duzfreunden mittags zu Tisch, telefonieren häufig miteinander, treffen sich in der Kaffee-Ecke – Freunde sind wichtig und angenehm. Aber was nützt Ihnen das für Ihre Arbeit und Ihr Vorwärtskommen? Schaffen Sie einen gesunden Ausgleich: Pflegen Sie Freundschaften, pflegen Sie aber auch Netzwerkpartnerschaften, die Ihnen die Arbeit erleichtern.

Das Kapitel auf einen Blick

- Bringen Sie Leistung und zeigen Sie diese.
- Spielen Sie nach den Managementspielregeln.
- Warten Sie nicht auf Ihre Karriere, planen Sie sie.
- Lernen Sie die Fähigkeiten, die Sie zum Führen und Managen benötigen.
- Investieren Sie in Ihre Selbstpräsentation.
- Eignen Sie sich den Sprachstil einer Führungskraft an.
- Richten Sie Ihr Büro neu ein.
- Stehen Sie zu Statussymbolen.
- Networken Sie.

In Balance bleiben statt Burn-out

Work-Life-Balance ist kein Luxusthema

Das Thema »Work-Life-Balance« ist heutzutage aus Unternehmenskulturen, der Mitarbeiterführung und damit aus dem Management nicht mehr wegzudenken. Im Gegenteil: Mangelhaftes Selbstmanagement kann bei Bewerbern für Führungspositionen ein K.-o.-Kriterium sein. Denn wer seine (Lebens-)Ziele, Wünsche, Grenzen, seinen Sinn des Lebens nicht kennt, ist nicht in der Lage, sich selbst zu managen. Wie soll er dann ein Unternehmen, eine Abteilung und die ihm anvertrauten Mitarbeiter managen?

Haben Sie kein Privatleben?

Petra ist seit vier Monaten Bereichsleiterin in einem mittelständischen Unternehmen für Ernährungsprodukte. Seit Wochen arbeitet sie täglich 14 bis 16 Stunden. Ihr Mann wird schon quengelig, und ihre Kinder sieht sie nur noch am Wochenende. Sie geht körperlich »auf dem Zahnfleisch«, hat wieder angefangen zu rauchen, braucht abends immer mehr Rotwein, um abzuschalten, und ihr Sportverein sieht auch nur noch ihren Mitgliedsbeitrag von ihr. So hatte sie sich das eigentlich nicht vorgestellt. Ihr Geschäftsführer hat sie heute angesprochen: »Frau G, Sie sehen krank aus, wirken unkonzentriert, der Innendienst hat sich über Ihren rüden Ton beschwert. Ich beobachte Sie jetzt schon eine Weile. Sie verlassen keinen Tag vor 22:00 Uhr das Büro. Haben Sie kein Privatleben? Kann es sein, dass Sie mit der Bereichsleitung überfordert sind?«

Nach der Devise »Erst die Arbeit, dann das Leben« und »Work-Life-Balance ist Luxus, den ich mir nicht leisten kann« hat Petra ihr Selbstmanagement vollkommen unter den Tisch fallen lassen.

Psychische Krankheiten, Depressionen bis zum Burn-out machen heute 50 Prozent der Ausfälle in Unternehmen aus. Ein riesiger Kostenfaktor sowohl für die Unternehmen als auch für das gesamte Gesundheitssystem. Diese Ausfälle zu vermeiden, ist eines der wichtigsten Unternehmensziele. Und wer ist für das Erreichen der Unternehmensziele verantwortlich?

Sie sind dafür verantwortlich, dass Sie mit sich selbst pfleglich umgehen, dass Sie ein gesundes, mit entsprechendem Ausgleich gefülltes Leben führen, lange motiviert und kreativ bleiben und nicht »verbrennen«, in Depressionen oder ein Burn-out rutschen. Das nennt man Selbstmanagement, und das ist eine klassische Führungsaufgabe. Hier haben Sie eine hohe Verantwortung sowohl für sich selbst als auch für Ihre Mitarbeiter. Gehen Sie also mit gutem Beispiel voran. Work-Life-Balance ist kein Luxus, sondern für Führungskräfte ein absolutes Muss.

Es geht um mehr als nur Arbeit und Leben

Arbeit kann und darf nicht alles sein. Erfolg wird nicht nur am Beruf, am eigenen Aufstieg, an der Erreichung von Kennzahlen und sonstigen betriebswirtschaftlichen oder verwaltungstechnischen Zielen festgemacht.

Natürlich ist nichts dagegen einzuwenden, wenn man den eigenen Lebensschwerpunkt in die berufliche Tätigkeit gelegt hat. Bedenken Sie: Wenn Sie sehr viel arbeiten, werden Sie in der Regel weniger Freizeit haben. Andererseits: Wollen Sie viel Zeit mit Ihrer Familie, Ihren Freunden oder Ihrem Hobby verbringen, müssen Sie möglicherweise Ihre berufliche Karriere zurückstellen.

Um zufrieden zu sein, gesund zu leben und der eigenen Verantwortung anderen gegenüber gerecht zu werden, sollten Sie auch die anderen Lebensbereiche in das eigene Selbstmanagement einbeziehen. Ziel sollte ein ausgewogenes Verhältnis zwischen den folgenden sechs Lebensbereichen sein:

- Arbeit/Beruf
- soziale Bindung
- emotionale Bindung
- intellektuelle Entwicklung
- Gesundheit
- Spiritualität

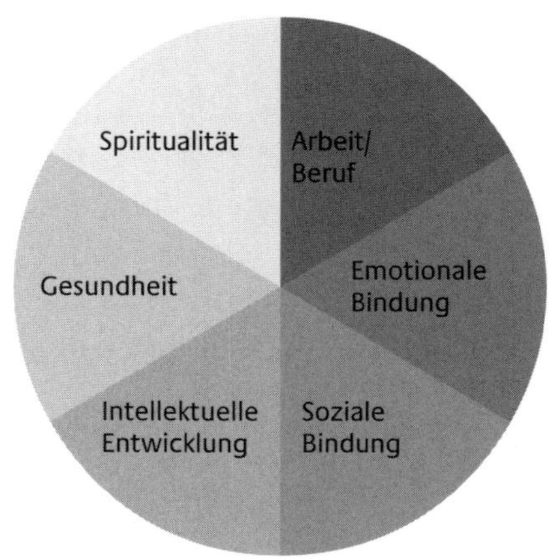

Stellen Sie sich diese sechs Bereiche als Kreis mit 100 Prozent vor. Wenn Sie einen Bereich vergrößern, sind Sie gezwungen, einen anderen Bereich zu verkleinern. Mehr als 100 Prozent Leben haben wir nicht.

Anmerkung

Bei dem oben gezeigten Kreis handelt es sich nicht um ein Beispiel aus dem richtigen Leben. Die Verteilung der Bereiche soll Sie nur in Ihrer bildhaften Vorstellung unterstützen.

Gibt es die eine, perfekte Work-Life-Balance?

Was eine perfekte Work-Life-Balance bedeutet, ist individuell sehr unterschiedlich. Und die Ausgewogenheit ist auch nicht ein für alle Mal unveränderlich festzulegen. Work-Life-Balance ist kein starres Gebilde, sondern ein dynamischer Prozess.

Selbstverständlich wird sich die Gewichtung je nach Alter, Lebensumständen und äußeren Bedingungen immer wieder verändern. Und es wird auch immer wieder mal zu Ungleichgewichten kommen. Das ist die Dynamik des Lebens. Solange es Ihnen dabei gut geht, ist das auch kein Problem.

Rutschen aber die Lebensbereiche über einen länger anhaltenden Zeitraum in Disbalance, tritt über kurz oder lang ein schleichendes Unbehagen, dass irgendetwas schiefläuft im Leben, auf. Dies kann sich besonders bei Führungskräften zu einer galoppierenden Unzufriedenheit entwickeln. Im Beruf zeigen sich Versagens-, Verlust- und Statusängste, die ersten körperlichen Stress- und Burn-out-Symptome treten auf, in der Beziehung gibt es mächtig Ärger, und im Kopf macht sich wachsende Panik breit: Was bekomme ich eigentlich als Gegenleistung für 65 Wochenstunden?

Wenn Sie Ihren Führungsjob gerade neu begonnen haben, wird der Bereich Arbeit/Beruf sicher erst mal ein größeres Stück vom »Kuchen« Ihres Lebens beanspruchen. Überlegen Sie dabei genau, aus welchem anderen Bereich Sie dafür Zeit- und Lebensressourcen nehmen möchten.

Nehmen Sie diese Ressource zum Beispiel aus Ihren sozialen Kontakten, dann passen Sie auf, dass Sie diese nicht ganz aus den Augen verlieren. Auch gute Freunde habe nur begrenzt Verständnis.

Deine Karriere ist Dir wichtiger als Deine Freunde.

Marion ist frischgebackene Vertriebsleiterin. Um alle neuen Aufgaben zu guten Ergebnissen zu bringen, braucht sie anfänglich noch mehr Zeit als ein alter Hase. Deswegen macht sie häufig Überstunden und nimmt sich am Wochenende Arbeit mit nach Hause. Inzwischen geht das schon seit sechs Monaten so. Bis vor ein paar Wochen wurde sie von Freunden noch regelmäßig zu Geburtstagen eingeladen. Inzwischen ist es aber sehr ruhig geworden, was sie selbst gar nicht bemerkt hat. In einen Telefonat mit ihrer Freundin lässt diese die Bemerkung fallen: »Ach, dich braucht man ja gar nicht mehr einzuladen. Du kommst ja sowieso nicht. Deine Karriere ist Dir eben wichtiger als Deine Freunde.«

Dies ist ein Zeichen dafür, dass Marion es zu bunt getrieben hat. Zum Glück hat die Freundin sie noch mal gewarnt, und Marion kann früh genug gegensteuern.

Untersuchungen von hochbegabten Pensionären, die alle ein sehr erfolgreiches Wirtschaftsleben hinter sich hatten, ergaben, dass diese im Nachhinein die Befriedigung, die ihnen Partnerschaft und Familie verschafft hatten, häufig höher bewerteten als die Befriedigung, die ihnen die Berufsausübung verschafft hatte (Hoffman 2007, S. 41).

Tipp

Überprüfen Sie regelmäßig – mindestens einmal im Jahr – Ihre Work-Life-Balance. Tragen Sie sich das als festen Termin ein.

Müssen Sie was tun? Wollen Sie was tun?

Achten Sie darauf, dass Verschiebungen und Disbalancen nicht zu lange bestehen bleiben. Setzen Sie sich Ziele und eine zeitliche Begrenzung für Disbalancen und prüfen Sie dann, ob und was Sie verändern können oder wollen, um den anderen Teilen auch wieder gerecht zu werden.

Sieht Ihre Work-Life-Balance gerade vielleicht so aus?

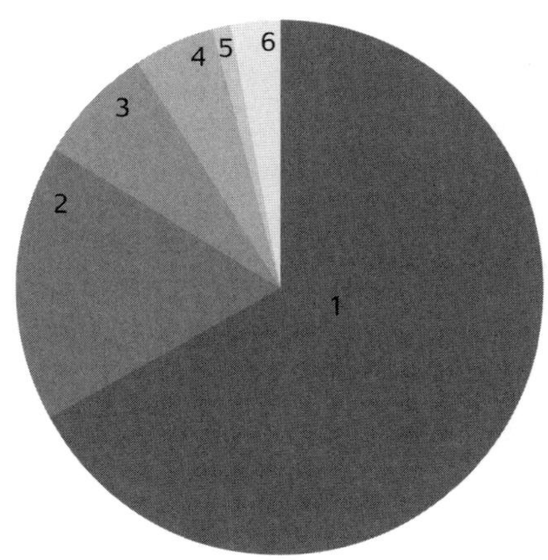

Dann passen Sie auf, dass dieser Zustand nicht zu lange anhält. So verprellen Sie Ihr gesamtes Umfeld. Sie verlieren über kurz oder lang Energie, Kreativität, Leistungsfähigkeit und Motivation, vielleicht sogar Ihren Job, und werden einsam.

Die Jobverhandlung

Martin hat die Controlling-Abteilung einer internationalen Bank übernommen. Dieser Karriereschritt bedeutet für ihn nicht nur finanziellen Zuwachs, sondern zunächst auch mehr Überstunden und vor allem viele Reisen ins Ausland.
Um seine Work-Life-Balance zu erhalten, hat Martin, bevor er das Jobangebot angenommen hat, mit seiner Frau und seinen Kindern über die Auswirkungen auf sein und damit auf ihr Leben gesprochen.
Die waren zunächst nicht begeistert von der Vorstellung, dass Martin so viel weg sein wird. Andererseits erkannten sie, dass dies für ihn eine riesige Chance zur persönlichen Weiterentwicklung darstellt und er sehr großen Spaß an der neuen Aufgabe haben würde.
Nach gründlichem Abwägen des Für und Wider sind sie zu folgendem Ergebnis gekommen: Die Familie ist damit einverstanden, dass Martin sich für die nächsten sechs Monate mehr auf seine neue Aufgabe konzentriert. Im Gegenzug verspricht Martin, dass er an den freien Wochenenden nicht arbeitet, sondern voll und ganz für die Familie da ist.

Merken Sie, was hier passiert ist? Das »Einverständnis« seiner Familie hat Druck und damit Stress aus der ganzen Sache genommen, und zwar für alle Beteiligten. Frei, unbelastet und ohne schlechtes Gewissen kann Martin sich jetzt auf seine neue Managementaufgabe konzentrieren. Seine Familie weiß, dass es nur ein absehbarer Zeitraum sein wird, und kommt somit nicht in die sonst schnell entstehende Schlechte-Laune-Mecker-Phase.

Dieses Vorgehen empfehlen wir übrigens immer in unseren Coachings, wenn es um Fragen der Neuorientierung geht. Alle unsere Klienten haben damit sehr gute Erfahrungen gemacht.

Übung: Meine persönliche Work-Life-Balance

- Zeichnen Sie jetzt Ihren aktuellen Work-Life-Balance-Kreis.
- Wie sieht Ihre Work-Life-Balance jetzt gerade aus?
- Sind Sie zufrieden und glücklich? Dann ändern Sie nichts.
- Oder sind Sie nicht zufrieden? Dann zeichnen Sie Ihren Wunsch-Work-Life-Balance-Kreis daneben.

☑ **Checkliste:**

- ☐ Was müsste sich verändern, damit Sie mit Ihrer Work-Life-Balance zufrieden sind?
- ☐ Wer kann das verändern?
- ☐ Wie genau soll die Veränderung aussehen?
- ☐ Was müssen Sie dafür tun, dass sich etwas verändert?
- ☐ Woran werden Sie merken, dass sich etwas zum Positiven verändert hat?
- ☐ Welche Auswirkungen hat die Veränderung?
- ☐ Auf wen oder was hat die Veränderung Auswirkungen?
- ☐ Was müssen Sie dafür aufgeben (loslassen)?
- ☐ Was »gewinnen« Sie?
- ☐ Welchen Preis müssen Sie dafür bezahlen, wenn Sie etwas verändern?
- ☐ Sind Sie bereit, diesen Preis zu bezahlen?
- ☐ Ist es realistisch, diese Veränderung durchzuführen?
- ☐ Wann wollen Sie mit der Veränderung anfangen?
- ☐ Bis wann soll sich das ändern?

Steuern statt gesteuert werden

Seit Jahren beobachten Sozialwissenschaftler einen tief greifenden Wandel in der Einstellung zur Arbeit und zum Leistungsdruck. Alternative Arbeits- und Lebensformen werden gewählt, und auch immer mehr Unternehmen kommen den Wünschen ihrer Mitarbeiter nach einer anderen Lebenszeitnutzung durch Konzepte wie Work-Life-Balance, Arbeitszeitkonten und Sabbaticals entgegen Natürlich sollte der ausgeübte Beruf interessant sein, wenn man sich dort engagieren will, aber auch die Familie und die Freunde sollen zu ihrem Recht kommen. Dabei geht es nicht nur um Freizeitgestaltung, um Erholung und Genuss, sondern auch um den Wunsch, das eigene Leben in seiner ganzen Vielfalt in den Griff zu bekommen – es aktiv zu gestalten. Selbstbestimmung und Individualität haben nach wie vor hohe Priorität.

In dieser Selbstbestimmung lassen sich viele immer mehr einschränken. Die permanente Erreichbarkeit, die uns elektronische Medien wie Notebook, Tablet-PC oder Smartphone ermöglichen, hat sich inzwischen vom Segen zum Fluch entwickelt.

Die Ständig-Erreichbarkeitsfalle zerstört jede Work-Life-Balance

Laut der Studie »Arbeiten in der digitalen Welt« des IT-Branchenverbands Bitkom sind 77 Prozent aller Berufstätigen in Deutschland außerhalb ihrer regulären Arbeitszeiten für Vorgesetzte, Kunden, Kollegen oder Mitarbeiter per Handy oder E-Mail mehr oder weniger ständig erreichbar. Viele Führungskräfte neigen dazu, mehrmals täglich – »mal eben schnell« – über ihr Smartphone ihre E-Mails zu checken. Und selbstverständlich antworten sie dann auch »mal eben schnell«. Egal, wo sie gerade sind. Selbstbestimmung und Freiheit sind dahin. Sie sitzen in der Ständig-Erreichbarkeitsfalle, die über kurz oder lang sogar zu einer Sucht werden kann. Irgendwann können sie auch ihre digitalen Geräte nicht mehr abschalten und geraten sogar in Stress, wenn keine E-Mails, SMS oder Anrufe kommen.

Halten Sie Ihre Work-Life-Balance im Gleichgewicht und bewahren Sie sich ihre Selbstbestimmung und persönliche Freiheit. Lassen Sie sich nicht von anderen steuern, behalten Sie Ihr Lebenssteuer in der Hand. Entscheiden Sie, was Ihnen guttut, wie weit Sie gehen und geben wollen.

Mit operativem Zeitmanagement (s. S. 91) und etwas Selbstreflexion erhalten Sie Klarheit über Ihre (Lebens-)Wünsche und (Lebens-)Ziele. Sie reparieren und vermeiden Disbalancen. Sie führen ein Leben im Gleichgewicht aus beruflichem Erfolg, persönlicher Zufriedenheit und privatem Glück.

Das Kapitel auf einen Blick

- Work-Life-Balance ist kein Luxus, sondern ein Muss für Führungskräfte.
- Selbstmanagement ist eine klassische Führungsaufgabe.
- Ihr Leben umfasst sechs Bereiche, die Sie in Balance halten sollten.
- Vermeiden Sie langfristige Disbalancen. Das macht krank.
- Verhandeln Sie mit Menschen aus den anderen Bereichen, das nimmt Druck raus und macht Sie frei.

- Verhandeln Sie mit sich selbst.
- Wie sieht Ihre Work-Life-Balance heute aus?
- Wie sollte Ihre optimale Work-Life-Balance aussehen?
- Nehmen Sie Ihr (Führungs-)Leben in die Hand. Steuern Sie, anstatt gesteuert zu werden.

Ohne Werkzeug keine Führung

- Vier wichtige Führungsfähigkeiten
- Handwerkszeug für Führungskräfte
- Zeitmanagement im Führungsalltag
- Die Macht der Motivation
- Mehr Problemlösungskompetenz ist gefragt!
- Kommunikation gezielt einsetzen

↗ 02

Vier wichtige Führungsfähigkeiten

Eigene Mängel erkennen und beseitigen

Es wird Sie schon in den ersten Tagen merklich weiterbringen, wenn Sie an den vorher dargestellten neun persönlichen Führungsschwächen arbeiten. Mängel zu beseitigen, ist notwendig. Aber es ist nicht ausreichend, um eine gute Führungskraft zu werden. Wir alle wissen: Wenn etwas keine Mängel mehr hat, ist es zwar mängelfrei, doch noch lange nicht gut. Wenn es um Ihre Führungspersönlichkeit geht, ist es daher nötig, einerseits die Mängel zu beseitigen, Sie andererseits mit jenen Tugenden auszustatten, welche eine gute Führungskraft ausmachen.

Wenn Sie persönlich gefestigte und erfolgreiche Führungskräfte betrachten, werden Ihnen stets die folgenden vier Kernkompetenzen auffallen:

- **Zielorientierung:** Erfolgreiche Führungspersönlichkeiten erreichen Ziele, weil sie Ziele setzen und diese konsequent verfolgen.
- **Entscheidungsfreude:** Für erfolgreiche Führungspersönlichkeiten ist Handeln oberstes Gebot.
- **Kommunikative Kompetenz:** Erfolgreiche Führungspersönlichkeiten reden so, dass auch genau das gemacht wird, was sie sagen.
- **Delegationskompetenz:** Erfolgreiche Führungspersönlichkeiten lassen arbeiten, daher delegieren sie Arbeiten an ihre Mitarbeiter.

Lassen Sie uns nun diese vier Managementkompetenzen näher betrachten.

Zielorientierung: Ohne Ziel kein Weg

Jedes Unternehmen will erfolgreich sein. Eine Grundlage von Unternehmenserfolg ist die Formulierung messbarer und realistischer Erwartungen (Ziele). Führungsziele werden benötigt, um die Hauptaufgabe des Unternehmens umzusetzen. Aus dieser Hauptaufgabe ergeben sich Ziele, an denen Sie als Führungskraft gemessen werden. Darauf basierend treffen Sie auch die Zielvereinbarungen mit Ihren Mitarbeitern. Je nachdem, ob ein Ziel kurz-, mittel- oder langfristig ist, wird es entsprechend formuliert. Und es wird ein Unterschied zwischen quantitativen und qualitativen Zielen gemacht.

Zielorientierung ist für Sie als Führungskraft eine Ihrer wichtigsten Kernkompetenzen. Wer kein Ziel hat, braucht sich nicht zu wundern, wenn er nicht ankommt, oder wie Laotse sagte: »Nur wer sein Ziel kennt, findet den Weg.« Um Ihre Ziele im Auge zu behalten, ist die SMART-Regel ein einfaches und schnell anzuwendendes Instrument:

S spezifisch, konkret formuliert, möglichst in einem Satz: Was oder wie viel genau soll erreicht werden?

M messbar (Mengen, Größen, Zahlen, Daten, Fakten): Woran ist zu erkennen/zu messen, ob das Ziel erreicht ist?

A attraktiv: Was ist das Positive, Attraktive an dem Ziel? Für wen ist das positiv, attraktiv? Für Sie selbst, das Umfeld, die Familie? Welcher persönliche Preis muss dafür bezahlt werden (zum Beispiel Zeit, Nerven, Energie)? Auf was müssen Sie verzichten? Wollen Sie diesen Preis bezahlen?

R realistisch: Ist das Ziel wirklich zu erreichen? Große Ziele in kleinere Ziele aufzuteilen, unterstützt die Motivation.

T terminiert: Bis wann genau soll das Ziel erreicht sein? An welchen Zwischenterminen sollen Teilziele erreicht sein?

Wenn Sie zum Beispiel in Ihrer Produktionsabteilung die Fehlerquote reduzieren wollen, könnte das mit SMART so aussehen:

S **wie spezifisch:** »Wir werden die Fehlerquote unserer neuen Maschine um xx Prozent senken.«

M **wie messbar:** »Wir werden die Fehlerquote um 30 Prozent senken.«

A **wie attraktiv:** »Dadurch erhöhen wir unsere Kundenzufriedenheit. Das führt zu mehr Bestellungen und Umsatzsteigerung. Alle Mitarbeiter bekommen bei Zielerreichung einen Sonderbonus.« Merke: Nutzen ist attraktiv! Nutzen für die Mitarbeiter, nicht für Sie!

R **wie realistisch:** »Unsere Technikabteilung hat für den heute gesetzten Zeitraum 30 Prozent Fehlerreduzierung als machbar bestätigt.«

T **wie terminiert:** »Wir werden dieses Ziel am … erreichen (Datum nennen). Am … (Datum nennen) wird es eine Zwischenkontrolle geben.«

Übung

Und jetzt sind Sie dran: Formulieren Sie Ihr nächstes Ziel mit SMART:

S	Was oder wie viel genau soll erreicht werden?
M	Woran ist zu erkennen/zu messen, ob das Ziel erreicht ist?
A	Was ist das Positive, Attraktive an dem Ziel? Für wen ist das positiv, attraktiv? Für Sie selbst, das Umfeld, die Familie? Welcher Preis muss dafür bezahlt werden? Wollen Sie diesen Preis bezahlen?
R	Ist das Ziel wirklich zu erreichen? Große Ziele in kleinere Teilziele aufzuteilen, unterstützt die Motivation.
T	Bis wann genau soll das Ziel erreicht sein? An welchen Zwischenterminen sollen Teilziele erreicht sein?

Tipp

Wenden Sie die SMART-Regel, solange Sie noch ungeübt sind, einige Zeit schriftlich an. Sie wird Ihnen in Fleisch und Blut übergehen.

Sie werden feststellen, dass Sie SMART nach wenigen Tagen so verinnerlicht haben, dass es ganz automatisch abläuft. Die schriftliche Form brauchen Sie dann nur noch bei ganz großen, langfristigen Zielen. Und Sie werden noch etwas merken:

- Sie treffen Entscheidungen deutlich schneller und sicherer.
- Sie erreichen alle gesetzten Ziele.
- Sie sind motivierter, und auch scheinbar komplizierte Aufgaben gehen Ihnen leichter von der Hand.

Die SMART-Regel lässt sich auf jedes Ziel anwenden. Sowohl auf Unternehmens-, Abteilungs-, Marketing-, Kunden-, Vertriebs- oder Mitarbeiterziele als auch auf alle Ihre persönlichen, privaten Ziele.

Entscheidungsfreude: Handeln ist oberstes Gebot

Erfolgreiche Führungspersönlichkeiten fackeln nicht lange herum – sie handeln. Man sollte meinen, dass gerade Führungskräften diese Fähigkeit besonders liegt. Oft ist das nicht der Fall.

- Viele Führungskräfte zeigen eine ausgesprochene Absicherungsmentalität: Sie wollen nicht entscheiden, sondern sich erst gegen alle Eventualitäten absichern.
- Sie entscheiden nicht, sondern schieben Entscheidungen auf, »bis alles reif für die Entscheidung ist« – dann ist es aber oft zu spät.
- Sie haben Angst vor einer falschen Entscheidung und entscheiden deshalb gar nicht oder viel zu langsam.
- Sie entwickeln eine »Paralysis thru Analysis« – das heißt übersetzt: Sie analysieren Entscheidungen zu Tode.
- Sie haben Angst, sich mit unpopulären Entscheidungen unbeliebt zu machen.

Diese Entscheidungshemmung mag verständlich sein, besonders bei neuen Führungskräften, die noch unsicher sind, gefallen wollen, die genauen Abläufe im Unternehmen noch nicht kennen und vor allem ihrer eigenen Entscheidungskompetenz noch nicht trauen. Aber in diesem Problem liegt gleichzeitig die Lösung: Wenn die Entscheidungskompetenz unterentwickelt ist, dann kann daran gearbeitet werden!

Neulinge hoffen oft darauf, dass sie »mit der Zeit mehr Erfahrung bekommen«. Eine trügerische Hoffnung. Denn sie verleitet zum Nichtstun. Und Nichtstun ist weder ein erfolgs- noch ein karriereförderlicher Faktor.

Tipp

Entwickeln Sie Ihre Entscheidungskompetenz durch Üben, Üben, Üben.

In unseren Führungstrainings hat sich dafür eine ganz einfache Vorgehensweise bewährt:

- Identifizieren Sie Ihre Entscheidungshemmnisse.
- Überwinden Sie diese Hemmnisse.

- Trainieren Sie Entscheidungen.
- Evaluieren Sie Ihr Entscheidungsverhalten.

Entscheidungshemmnisse identifizieren

Jeder, der weniger Entscheidungen oder weniger schnell Entscheidungen trifft als nötig, hat dafür ganz persönliche Gründe, individuelle Hemmnisse. Entdeckt er diese, ist die Entscheidungshemmung bereits halb beseitigt.

Übung

Fragen Sie sich: Was hindert mich an schnellen Entscheidungen?

Warum treffe ich nicht die Entscheidungen, die ich treffen müsste?

Identifizieren Sie so Ihre persönlichen Hindernisse. Wenn Sie diese schriftlich fixieren, verdoppeln Sie damit die Erfolgswahrscheinlichkeit. Denn: Was man schwarz auf weiß besitzt, ist verbindlicher.

Entscheidungshemmnisse überwinden

Die meisten Entscheidungsängste lassen sich mit folgender Frage aushebeln: »Was würde passieren, wenn Sie die falsche Entscheidung treffen?« – Im Alleingang ist diese Frage etwas schwerer zu beantworten. Im Coaching oder Seminar kommt dagegen durch die Rückmeldung der Teilnehmer oder des Coachs schnell heraus: Die befürchteten Folgen einer Fehlentscheidung sind oft unrealistisch. Sie sind überzogen. Hier einige Zitate von Trainingsteilnehmern:

- »Meine Chefin reißt mir den Kopf ab!«
- »Mein Boss macht meine Beförderung rückgängig!«
- »Dann bin ich bei meinen Leuten unten durch!«

Wegen einer einzigen Fehlentscheidung? Nie im Leben! Das ist an den Haaren herbeigezogen. Und das erkennt man auch, wenn man die befürchteten Folgen einmal laut ausspricht oder aufschreibt.

Bei der Überwindung von Entscheidungshindernissen hat sich besonders ein Argument als besonders schlagkräftig erwiesen:

Tipp

Machen Sie sich klar, dass eine Fehlentscheidung weitaus geringere (oft gar keine) Folgen hat als ein Entscheidungsvakuum!

Ihre Mitarbeiter, Kollegen und Kunden können mit einem Fehler umgehen. Denn dann ist wenigstens etwas vorhanden, mit dem man umgehen kann! Treffen Sie jedoch keine Entscheidung, hängt alles in der Luft – und damit kann man in einem Wirtschaftsbetrieb, in dem es vorangehen muss, nicht zurechtkommen. Machen Sie sich in aller Deutlichkeit klar: Schlimmer als jede Fehlentscheidung ist es, keine Entscheidungen zu treffen!

Außerdem gilt im Falle einer Fehlentscheidung: Je souveräner Sie einen Fehler einräumen, desto menschlicher werden Sie Ihren Mitarbeitern. Wer Fehler souverän eingesteht, verliert nicht, sondern gewinnt an Autorität. Ein Zusammenhang, den Sie lieber früher als später erkennen sollten.

Entscheidungen trainieren

Das hört sich für Sie seltsam an? Das gilt aber nur für das ungeübte Ohr. Jeder Sportler weiß: ohne Training keine Verbesserung. Sie können nicht allein deshalb besser entscheiden, nur weil Sie sich das vornehmen. Sie müssen es trainieren. Fangen Sie dabei klein an.

> **Tipp**
>
> Nehmen Sie sich zunächst für jeden Tag eine kleine Entscheidung vor, die Sie schneller und klarer treffen möchten.

Achten Sie darauf, dass Sie sich nicht übernehmen und damit den Verbesserungsprozess bremsen oder gar beenden. Trainieren Sie anfangs bewusst an kleinen Entscheidungen, zum Beispiel ob Sie jetzt gleich mit dem Mitarbeiter sprechen oder einen Termin ausmachen, ob Sie einen Kunden oder Kollegen sofort zurückrufen oder ob Sie erst einige Rückrufe zusammenkommen lassen. Achten Sie bewusst darauf, wie sich Ihr Entscheidungstempo und Ihre Entscheidungsstärke verbessern. Dann steigern Sie langsam Wichtigkeit und Umfang der Entscheidungen, an denen Sie trainieren.

Entscheidungsverhalten evaluieren

Reflektieren Sie Ihr eigenes Entscheidungsverhalten. Wenn Sie möchten, können Sie das tagebuchartig dokumentieren – dadurch steigern Sie Ihre Verbesserungsgeschwindigkeit. Reflektieren (und dokumentieren) Sie:

- Welche Entscheidungen habe ich heute getroffen?
- Wie viele waren es insgesamt?
- Was kam dabei heraus?
- Was lief gut?
- Was kann ich besser machen?

Diese Reflexion baut restliche Entscheidungsängste schnell ab. Denn Sie sehen: Im Grunde kann ich das schon ganz gut. Erfolge motivieren zum Weitermachen. Also machen Sie Ihre Erfolge sichtbar.

Nach diesen vier Schritten zur Beseitigung von Entscheidungshindernissen sind nicht nur Ihre Entscheidungsängste verschwunden. Es wird Ihnen sogar Freude bereiten, Entscheidungen zu treffen. Vor allem, wenn Sie feststellen, wie viel Erfolg Sie dabei haben.

Kommunikative Kompetenz: Reden Sie glasklar

»Aber das tue ich doch!«, wenden viele Führungskräfte ein. »Ich sage meinen Leuten klipp und klar, was sie tun sollen!« Wenn dem so ist, warum müssen Sie dann bestimmte Dinge zigmal wiederholen, damit Ihre Mitarbeiter sie endlich tun? Und warum kommt etwas anderes dabei heraus, als Sie erwartet haben?

Ist doch klar: Weil die Mitarbeiter schwer von Begriff sind! Das ist eine mögliche Erklärung. Eine andere ist: Weil Sie sich einfach nicht klar genug ausgedrückt haben! Welche Erklärung ist die richtige? Darauf gibt die Kommunikationsforschung eine eindeutige Antwort: Für die Wirkung einer Botschaft ist nie der Empfänger, sondern immer der Sender verantwortlich. Damit ein Mitarbeiter das tut, was Sie von ihm erwarten, sollten Sie es so sagen, dass es für ihn glasklar ist.

Wenn sich jemand nicht so verhält, wie Sie das erwarten, können Sie die Schuld nicht auf ihn schieben – Sie müssen es einfach nochmals versuchen und so kommunizieren, dass er tut, was Sie von ihm erwarten.

Wir brauchen mehr Umsatz

Ein Innendienstleiter sagt: »Wir brauchen mehr Umsatz. Rufen Sie alle unsere Händler an!« Sein Mitarbeiter tut dies und bringt von seiner Telefonaktion sechs Prozent Umsatzsteigerung mit. Der ID-Leiter ist wütend: »Das sind doch Peanuts! Wollen Sie mich auf den Arm nehmen?« Nein, der Mitarbeiter ist richtig stolz auf seine sechs Prozent – weil er glaubt, dass sechs Prozent »mehr Umsatz« sind. Als der ID-Leiter jedoch »mehr Umsatz« sagte, meinte er eine zweistellige Steigerung. Warum hat der »faule« Mitarbeiter diese nicht gebracht? Weil der Vorgesetzte es nicht gesagt hat.

Mithilfe der folgenden Checkliste können Sie an Ihrer Kommunikation arbeiten.

☑ Checkliste: Kommunizieren Sie klar und wirksam

- ☐ Kommunizieren Sie nicht zwischen Tür und Angel, sondern ungestört: Tür zu, Telefon abstellen, hinsetzen, Zeit nehmen – und wenn es nur zehn Minuten sind. Aber in diesen zehn Minuten passiert nichts anderes – sonst brauchen Sie nachher 20, um das Versäumnis wieder auszubügeln.

- ☐ Sprechen Sie die Sprache Ihrer Mitarbeiter. Verwenden Sie eine angemessene Ausdrucksweise, vermeiden Sie unnötige Management-, BWL-Begriffe oder Fremdworte.

- ☐ Seien Sie persönlich. Sagen Sie nicht: »Man könnte eigentlich mal wieder …«, sondern: »Herr Meier, bitte kümmern Sie sich um …« Nur wenn Sie eine Person ansprechen, kann diese die Aufgabe auch erledigen.

- ☐ Seien Sie nicht doppeldeutig: »Im Grunde müsste man …« Muss man nun oder nicht? Seien Sie eindeutig: »Frau Meier, erledigen Sie …«

- ☐ Verwenden Sie keinen Konjunktiv: müsste, könnte, sollte, bräuchte. Was Sie konjunktivisch sagen, kann man machen, aber auch lassen. Imperative dagegen kann man nicht ignorieren: »Herr Müller, rufen Sie bitte 30 A-Kunden an!«

- ☐ »Wir sollten dringend, mal wieder, demnächst, bei Gelegenheit, irgendwann mal, schleunigst …« Wann wird das gemacht? Am St. Nimmerleinstag? Reden Sie zeitlich bestimmt: »Schaffen Sie das bis morgen, 10 Uhr? 14 Uhr? Prima. Also los!«

- ☐ Sagen Sie nicht: »Das muss erledigt werden!« Sagen Sie vielmehr konkret,
  - 1. wer
  - 2. was
  - 3. bis wann
  - 4. mit welchem Ziel
  - 5. mit welchem wie gemessenen Ergebnis

  tun soll.

  Das ist die 5-W-Formel, die Sie generell bei jeder Auftragserteilung anwenden sollten (sonst kommt garantiert etwas anderes dabei heraus, als Sie erwarten).

- ☐ Nach dieser Delegation holen Sie die definitive Zusage des Mitarbeiters für alle fünf W ein (ohne Zusage keine Verbindlichkeit). Gegebenenfalls müssen Sie über einzelne W mit dem Mitarbeiter verhandeln.

- ☐ Sagen Sie Bitte und Danke. Warum? Weil Sie wollen, dass Ihre Botschaft auch beim Mitarbeiter ankommt. Stimmt die Form nicht, wird der Inhalt einer Kommunikation blockiert.

- ☐ Verstecken Sie sich nicht hinter Ihrem Schreibtisch, scheuen Sie nicht den Blickkontakt und spielen Sie nicht mit Ihrem Kugelschreiber, sondern wenden Sie sich dem Mitarbeiter auch körpersprachlich uneingeschränkt zu.
- ☐ Nuscheln, Schnellsprechen und Herunterleiern sollten Sie vermeiden. Sprechen Sie mit Ihren Mitarbeitern in angemessener Lautstärke in einem angemessenen Tempo und deutlich artikuliert (klingt selbstverständlich, wird aber vielfach nicht gemacht).
- ☐ Prüfen Sie nach, ob Ihr Mitarbeiter verstanden hat, was Sie ihm sagten, indem Sie ihn in eigenen Worten seinen Auftrag umschreiben lassen.
- ☐ Fordern Sie seine Einwände und Bedenken ein (schwache Führungskräfte ignorieren diese in der kindlichen Hoffnung, dass verschwindet, was man nicht anspricht). Klären Sie diese.
- ☐ Reden Sie nicht um den heißen Brei herum. Haben Sie Mut zu unbequemen Botschaften. Sagen Sie zum Beispiel nicht: »Ihre Leistung lässt zu wünschen übrig.« Sagen Sie konkret: »In Punkt X erwarte ich mehr Y von Ihnen.« Das empfindet der Mitarbeiter nicht als böse, sondern als hart, aber hilfreich.
- ☐ Sagen Sie Ihren Mitarbeitern nicht, was sie tun sollen – es sei denn, Sie stehen unter akutem Zeitdruck. Fragen Sie stattdessen, wie diese die Sache angehen möchten. Das meint der Managementspruch »Wer fragt, der führt«. Wenn Sie Ihren Mitarbeitern sagen, was sie zu tun haben, werden sie es halbherzig tun. Eigene Ideen werden dagegen mit vollem Engagement verfolgt. Sie müssen lediglich so lange verhandeln, bis die Ideen Ihren Erwartungen entsprechen.

Diese Checkliste werden Sie, auf sich gestellt, mit etwas Disziplin und Übung in einigen Wochen meistern. Etwas schneller und leichter geht es zusammen mit netten Kollegen auf einem Training. In dringenden oder hartnäckigen Fällen hilft ein Coaching weiter. Ob Sie allein oder mit Kollegen, Trainern oder Coaches üben, ist nicht so wichtig. Viel wichtiger ist, dass Sie überhaupt üben.

Buchtipp

Wenn Sie sich ausführlich mit dem Thema »Kommunikation« auseinandersetzen möchten, dann empfehlen wir Ihnen die folgenden Bücher:

- »Miteinander reden« von Friedemann Schulz von Thun
- »Kommunikationstraining« von Vera f. Birkenbihl
- »Job-Talk« von Deborah Tannen

Delegationskompetenz: Lassen Sie arbeiten

Beim Delegieren gibt es einen deutlichen Unterschied zwischen altgedienten und frischgebackenen Führungskräften: Erfahrene Vorgesetzte lassen arbeiten, weniger erfahrene arbeiten zu viel selbst, vor allem zu viel Unwichtiges – was auch dem Vorgesetzten früher oder später auffällt. Dadurch erhöht sich der Druck, der Neue arbeitet noch mehr – anstatt endlich zu delegieren!

Aber auch unter den sogenannten erfahrenen Führungskräften begegnen wir in unseren Coachings immer wieder jenen, die (immer noch) zu wenig delegieren. Warum? Weil Führungskräfte es oft perfekt haben möchten (»Wenn das richtig gemacht werden soll, muss ich es schon selbst machen«), weil sie Kontrollverlust fürchten, kein Vertrauen in ihre Mitarbeiter haben oder Verlust von Anerkennung befürchten, wenn sie Arbeiten aus der Hand geben. Wegen dieser starken Motive ist es nicht leicht, eine gesunde Delegationskompetenz zu erwerben – aber es ist bitter nötig.

Tipp

Delegieren Sie ausreichend, sonst schaffen Sie Ihre eigentlichen Aufgaben nicht, erreichen Ihre Ziele nicht und brennen früher oder später aus.

Wie kommen Sie nun zu einer ausreichenden Delegationskompetenz? Indem Sie zunächst Ihr Delegationshindernis identifizieren. Sie befürchten Anerkennungsverlust, wenn Sie Aufgaben aus der Hand geben? Dann fragen Sie sich: Was könnten Sie an wirklich Wichtigem tun, wenn Sie durch Delegation Zeit einsparten? Bekommen Sie für dieses wirklich Wichtige nicht sehr viel mehr Anerkennung? Schließlich müssen Sie ja nicht jene Aufgaben delegieren, für die es am meisten Anerkennung gibt! Im Gegenteil. Delegieren Sie Routinetätigkeiten.

Delegieren Sie zu wenig, weil Sie (noch) kein Vertrauen in Ihre Mitarbeiter haben? Dann fragen Sie sich: Woran mache ich dieses Misstrauen fest? An konkreten, stichhaltigen Beispielen? Meist stellt sich heraus, dass dieses Misstrauen ein reines Vorurteil ist. Wie Sie mit Vorurteilen umgehen können, haben Sie bereits im Abschnitt »Wer vorurteilsfrei führt, führt erfolgreich« erfahren (s. S. 25). Diese Vorurteile über die Unfähigkeit der Mitarbeiter basieren meist nicht auf harten Fakten, sondern auf Hörensagen und den

Abschiedsworten des Vorgängers. Meist ist daran nichts wahr. Zerstreuen Sie Ihr Misstrauen.

Wenn Sie zu wenig delegieren, weil Sie fürchten, die Kontrolle über delegierte Aufgaben zu verlieren, dann ist Ihnen noch nicht bewusst, dass man auch delegieren kann, ohne die Kontrolle aufzugeben. Sie sollten stets so delegieren, dass Sie die volle Kontrolle behalten, indem Sie zum Beispiel mit dem Mitarbeiter Zwischentermine zur gemeinsamen Überprüfung seiner Arbeitsfortschritte vereinbaren. Delegation ohne Kontrolle ist Unfug. Wie Delegation plus Kontrolle aussehen kann, betrachten wir ausführlich im Kapitel »Handwerkszeug für Führungskräfte« (s. S. 70).

Wenn Sie ungern delegieren, weil es nur dann perfekt ist, wenn Sie es selbst machen, dann überlegen Sie sich: Was könnte schlimmstenfalls passieren, wenn der Mitarbeiter Fehler macht? Sind diese Folgen realistisch, oder überziehen Sie in Ihrem Perfektionismus? Wenn die Fehlerfolgen tolerabel sind: Delegieren Sie!

Wenn Sie von zehn beliebigen Aufgaben zwei bis vier delegieren können, haben Sie Ihren Perfektionismus selbst überwunden. Schaffen Sie die Quote nicht, brauchen Sie einen Coach. Denn hartnäckiger Perfektionismus lässt sich nicht im Do-it-yourself-Verfahren abstellen. Er ist inzwischen auch einer der häufigsten Gründe, weshalb Führungskräfte einen Coach konsultieren.

Das Kapitel auf einen Blick

- Erwerben Sie kommunikative Kompetenz: Reden Sie klar und konsequent.
- Entwickeln Sie Entscheidungsfreude: Handeln ist oberstes Gebot.
- Erwerben Sie Zielkompetenz: Ziele sind wichtiger als Aktivitäten.
- Entwickeln Sie Delegationskompetenz: Chefs lassen arbeiten.

Handwerkszeug für Führungskräfte

Sie haben zwei Komponenten der Führungskompetenz kennengelernt:

- ein neues Rollenverständnis mit 20 Prozent Fach-, 80 Prozent Führungskompetenz sowie
- Führungsfitness in 21 Punkten.

Jetzt lernen Sie die dritte Komponente kennen: Ihr Handwerkszeug, Ihre Führungsinstrumente. Es gibt zwar unzählig viele Führungsinstrumente, doch wir picken an dieser Stelle nur jene fünf heraus, die Sie unbedingt brauchen:

- Führen mit Zielvereinbarungen,
- Zielkontrolle,
- Delegation,
- Mitarbeitergespräch,
- Mitarbeiterauswahl.

Manchmal rutschen Chefs in eine Selbstüberschätzung, die gefährlich werden kann für den Erfolg als Führungskraft. Diese teilweise vorhandene Selbstüberschätzung im Management zeigt sich auch daran, dass oft gerade frisch Beförderte meinen: »Wozu brauche ich extra Führungsinstrumente? Das muss doch auch so gehen!« Würden Sie eine Wurzelbehandlung bei einem Zahnarzt machen lassen, der keine Narkoseinstrumente einsetzt, weil »das auch so gehen muss«? Würden Sie in Ihrem gelernten Job als Ingenieur, Facharbeiter, Verkäuferin … auf Ihre bewährten Instrumente verzichten wollen? Niemals. Ohne Handwerkszeug geht es nicht.

Jeder Beruf braucht sein Handwerkszeug. Wie gut jemand wirklich ist, erkennen Sie untrüglich daran, wie gut er sein Handwerkszeug beherrscht. Das betriebliche Umfeld bemerkt es immer, wenn ein Manager seine Führungsinstrumente nicht beherrscht, also zum Beispiel nicht delegieren, nicht mit Feedback umgehen kann oder häufig die falschen Mitarbeiter einstellt. Mit den richtigen Führungsinstrumenten geht Führen leichter, schneller und erfolgreicher. Und: Sie machen weniger Fehler in den kritischen hundert ersten Tagen! Betrachten wir daher zunächst die fünf wichtigsten Führungsinstrumente.

Führen mit Zielvereinbarungen

Sie werden daran gemessen, wie Ihre Mitarbeiter die gesetzten Ziele erreichen. Führungskräfte haben in diesem Punkt oft ein Problem: Die Mitarbeiter bleiben hinter den Zielen zurück, weshalb der Vorgesetzte der neuen Führungskraft Druck macht. Die Erklärung »Ich habe denen schon hundertmal gesagt, dass wir im Bereich X mehr Umsatz brauchen!« wird den Vorgesetzten sicher nicht beruhigen. Denn wenn Ziele nach dem Muster

- »Herr Meier, Ihre Verkaufsleistung muss besser werden!«,
- »Machen Sie mir mal ein Spreadsheet zu Produkt Y!«

vorgegeben werden, muss man kein Hellseher sein, um vorherzusagen, dass Herr Meier sein Verkaufsziel nicht erreicht und das Spreadsheet nicht den Erwartungen des Vorgesetzten entspricht.

Tipp

Wird ein Ziel nicht erreicht, liegt es selten am Mitarbeiter und häufiger an der Zielvorgabe.

Herr Meier hat in diesem Fall keine Ahnung, worin denn genau seine Verkaufsleistung besser werden soll. Leistung gemessen am Umsatz? Am Deckungsbeitrag? An der Reklamationsquote? Oder an der Neukundenakquise? Sie merken es sicher: Auch hier findet SMART seine Anwendung.

Nutzen Sie besonders bei Zielvereinbarungen die SMART-Regel. Nur so können Sie sicher sein, dass beide Seiten genau verstanden haben, was das Ziel ist und wie es zu erreichen ist. Hinzu kommt: Je konkreter Sie bei der Zielvereinbarung mit SMART arbeiten, desto eher räumen Sie versteckte Widerstände aus und desto mehr steigt die Motivation Ihres Mitarbeiters, das Ziel auch zu erreichen. Hier noch einmal ein »smartes« Beispiel.

Wir brauchen mehr Umsatz

S **wie spezifisch:** »Der Umsatz des Produkts x muss steigen.«
M **wie messbar:** »Er muss um sieben Prozent steigen.«
A **wie attraktiv:** »Schaffen wir das, ist unser … (zum Beispiel Jahresbonus) gesichert.« Merke: Nutzen ist attraktiv! Nutzen für die Mitarbeiter, nicht für Sie!
R **wie realistisch:** »Unsere Marktforschung prognostiziert beträchtliche Ersatzinvestitionen unserer Kunden – also sind die sieben Prozent machbar.«
T **wie terminiert:** »Wir werden das Ziel bis zum 31. Dezember (Endtermin) erreichen. Das heißt: Jeden Monatsumsatz (zwölf Zwischentermine) sollten wir um vier bis sieben Prozent steigern!«

Schon beim Durchlesen bemerken Sie die Sogwirkung, die sich entwickelt: Dieses Ziel wird viel wahrscheinlicher erreicht als das Ziel »Wir brauchen mehr Umsatz!«.

Manche Manager wenden darauf ein: »Aber meine Mitarbeiter wissen doch, was ich von ihnen erwarte.« Das ist eine Annahme, keine Tatsache. Tatsache ist, dass sie es nicht (genau) wissen – sonst würden sie ihre Ziele erreichen. Außerdem finden Sie ganz leicht heraus, ob Ihre Mitarbeiter ihre Ziele kennen: Fragen Sie sie nach konkreten Einzelheiten. Sie werden erschüttert sein, wie wenig viele Mitarbeiter über ihre Ziele wissen.

Tipp

Formulieren Sie Ziele smart und hinterfragen Sie bei Ihrem Mitarbeiter, was er genau verstanden hat.

So einfach kann Führung sein. Welche Arbeitsziele haben Sie Ihren Mitarbeitern in der letzten Woche gegeben? Formulieren Sie diese jetzt in smarter Form. Sehen Sie den Unterschied? Allein schon durch diese kleine Übung steigt Ihre Zielkompetenz beträchtlich.

Vereinbarte Ziele werden erreicht

Ziele werden also schon dadurch zuverlässiger und schneller erreicht, dass Sie sie smart formulieren. Sie werden noch eher erreicht, wenn Sie die Ziele mit Ihren Mitarbeitern vereinbaren und nicht nur vorgeben.

Sie kennen den Unterschied aus der Praxis. Wenn Sie einem Mitarbeiter sagen: »Tu dies und das!« (Vorgabe), tut er das meist halbherzig, mit angezogener Handbremse und wenig ansprechendem Resultat. Warum? Weil das Ziel zu hoch ist? Nein, es liegt nicht am Ziel, sondern an der Zielvorgabe: Wer Ziele vorgibt, be- oder verhindert Motivation, Kreativität und Engagement.

Eine Zielvorgabe ist quasi ein Befehl, der Gehorsam verlangt, dabei aber leider auch Motivation verhindert. Eine Zielvereinbarung dagegen verlangt einen mitdenkenden Mitarbeiter. Die Frage ist: Was brauchen Sie? Reichen für Ihre Aufgaben gehorsame Mitarbeiter ohne ausreichendes Commitment? Oder brauchen Sie mitdenkende Mitarbeiter? Dann brauchen Sie die Zielvereinbarung.

Das Zielvereinbarungsgespräch im Überblick

- Ziele kann man nicht zwischen Tür und Angel vereinbaren. Vereinbaren Sie einen Gesprächstermin.
- Thematisieren Sie die Zielrichtung: »Wir brauchen mehr ...«, und fragen Sie den Mitarbeiter nach seiner Zielvorstellung: »Was glauben Sie, wie viel mehr können Sie schaffen?« Allein durch diesen Schritt schon steigt sein Commitment enorm: Wer gefragt wird, wird motiviert.
- Falls Sie eine höhere Zielvorstellung als der Mitarbeiter haben, fragen Sie: »Unter welchen Bedingungen halten Sie eine Steigerung auf ... für möglich?« Notieren Sie die gewünschten Bedingungen.
- Verhandeln Sie den Kompromiss: Der Mitarbeiter geht mit seinen Bedingungen runter, während Sie mit Ihrer Zielvorstellung runtergehen.
- Den Konsens, den Sie dabei erzielen, verfolgt der Mitarbeiter mit höchstmöglicher Motivation, weil es *sein* Konsens ist – das Gegenteil einer Vorgabe, bei der er überhaupt keinen Einfluss hat.
- Vereinbaren Sie Zwischentermine.
- Halten Sie die Vereinbarung in allen wesentlichen Punkten schriftlich fest – sonst können Sie die Zielerreichung nicht kontrollieren.

Führen mit Zielvereinbarungen gilt derzeit als eines der wirksamsten Führungsinstrumente überhaupt. Warum? Weil seine Zielerreichungsquoten exorbitant hoch sind. Dieses sehr potente Führungsinstrument stellt hohe Anforderungen an Führungskräfte. Ein Training oder Coaching empfiehlt sich daher. Vor allem, um die auftauchenden Ängste und Fragen von Mitarbeitern behandeln zu können.

Zielkontrolle: Zwischentermine setzen

Gerade frisch Beförderten scheint das Führungsinstrument der Zielkontrolle weitgehend unbekannt. So vereinbarte ein neuer Gruppenleiter im Montagsmeeting mit einem Gruppenmitglied: »Bis Ende der Woche brauche ich die Quartalszahlen!«

Wo waren die Quartalszahlen am Freitag? Nirgendwo in Sicht. Fauler Mitarbeiter? Nein. Zwar hat zweifelsfrei der Mitarbeiter seine Arbeit nicht gemacht – doch die Führungskraft hat ihre Führungsaufgabe ebenfalls nicht wahrgenommen: keine Zielvereinbarung ohne Zielkontrolle. In unserem Beispiel gab es keine Zielkontrolle. Bis zum Zieltermin hat der frischgebackene Gruppenleiter kein einziges Mal kontrolliert, wie weit der Mitarbeiter mit dem verlangten Zahlenwerk ist! Und dann wundert er sich, dass der Mitarbeiter das Ziel nicht erreicht. Als Führungskraft sollte man wissen, wie Kontrolle funktioniert: Kontrolle = Zwischentermine.

Ohne Kontrolle werden Ziele selten erreicht. Mit Kontrolle werden Ziele immer erreicht. Kontrolle steigert Effektivität und Effizienz und damit letztendlich Ihren Erfolg. Übrigens: Kontrolle heißt nicht, den Big Boss herauszukehren. Wenn Sie Kontrolle in der eben beschriebenen Form durchführen, fühlen sich Mitarbeiter nicht kontrolliert, sondern unterstützt, motiviert und orientiert. Kontrollierte Mitarbeiter arbeiten gut. Gute Kontrolle motiviert!

☑ Checkliste: Wirksame Zielkontrolle

- ☐ Vereinbaren Sie bereits im Zielvereinbarungsgespräch Zwischentermine, an denen Sie den Fortschritt der Zielverfolgung kontrollieren.
- ☐ Vermeiden Sie dabei jedoch das Wort »kontrollieren«. Bessere Wortwahl: »Können wir jeweils montags um 9 Uhr über den Fortgang Ihrer Arbeit sprechen?«
- ☐ Vereinbaren Sie die Kontrollkriterien: »Es reicht mir völlig, wenn Sie mir bei diesen Zwischenterminen die erledigten und die im Verzug befindlichen Arbeitspakete auflisten.«
- ☐ Setzen Sie die Zwischentermine nicht zu weit (in einer Woche kann viel passieren!) und nicht zu eng (zu viele Kontrolltermine werden als Gängelei empfunden).

- ☐ Bei Zielen, die in wenigen Wochen erreicht werden sollen, reicht wöchentliche Kontrolle; in der Endphase oder in heißen Phasen jeden zweiten Tag oder täglich.
- ☐ Bei Zielen, die über Monate laufen, reicht monatliche Kontrolle; in End- oder heißen Phasen wieder jeden zweiten Tag oder täglich.
- ☐ Wenn möglich, gleichen Sie die Zwischentermine an die natürlichen Phasen einer gestellten Aufgabe an.
- ☐ Legen Sie sich die Zwischentermine auf Wiedervorlage.
- ☐ Vereinbaren Sie unbedingt mit dem Mitarbeiter: »Egal wann der nächste Zwischentermin ist – kommen Sie auf jeden Fall sofort zu mir, wenn Sie ein Problem nicht aus eigener Kraft lösen können. Ich helfe Ihnen weiter!« Das ist immer noch besser, als irgendwann zu erfahren, dass es schon seit Tagen massive Probleme gibt.

Delegation: Wer macht was?

Beobachten wir eine Szene aus einem typischen Meeting. Der eben beförderte Supportleiter sagt zu seinen Mitarbeitern: »Wir müssen uns unbedingt um das B2B-Segment kümmern!« Alle Mitarbeiter nicken heftigst Zustimmung. Was wird gemacht? Nichts. Wer kümmert sich darum? Keiner. Warum? Weil hier keine Delegation erfolgte! Es ist haarsträubend, doch der Supportleiter meinte: »Aber ich habe doch klipp und klar gesagt, dass wir bei B2B aktiv werden müssen!« Etwas zu sagen, ohne dabei zu delegieren, reicht leider nicht aus. Wie delegieren Sie so, dass es auch gemacht wird?

Die W-Delegation

Die W-Delegation zum Einstieg ist die 3-W-Delegation:

1. Wer macht
2. was
3. bis wann (inklusive Zwischentermine)?

Die W-Delegation für Fortgeschrittene ist die 5-W-Delegation:

1. Wer macht
2. was
3. bis wann (inklusive Zwischentermine)
4. womit (Ressourcen)
5. mit welchen Zielgrößen (messbaren, s. SMART)?

In Projekten empfiehlt sich auch die 7-W-Delegation:

1. Wer macht
2. was
3. bis wann (inklusive Zwischentermine)
4. wozu (Schnittstellen-Regelung)
5. mit wem (Beteiligte am Arbeitspaket)
6. womit (Ressourcen)
7. mit welchen Zielgrößen (messbaren, s. SMART)?

Merken Sie sich: Ohne W's keine Delegation!

Wichtig ist auch, dass Sie delegieren und dies danach protokollieren. Denn andernfalls ist das Risiko groß, dass sich einige Mitarbeiter nicht daran halten.

Schauen Sie sich einen weiteren Trick bei erfolgreichen Führungskräften ab. Diese übernehmen nicht einfach blind Aufgaben. Sie stellen sich vielmehr eine Frage.

Tipp

Stellen Sie sich bei jeder neuen Aufgabe die Frage: Ist das delegierbar? In acht von zehn Fällen lautet die Antwort erfahrener Führungskräfte darauf: Ja.

Typische Delegationsfehler

Die meisten Führungskräfte machen am Anfang bei der Delegation viele Fehler. Lernen Sie von den Fehlern anderer.

- **Mangelnde Kontrolle:** Es werden keine oder zu wenige Zwischentermine gesetzt.
- **Falscher Mitarbeiter:** Es wird an den falschen Mitarbeiter delegiert, der zu wenig Fachkenntnis für die Aufgabe hat und überfordert ist.
- **Mangelnde Ressourcen:** Es wird nicht geprüft, was der Mitarbeiter zur Ausführung seiner delegierten Aufgabe an Ressourcen, Informationen, Budget, Schnittstellenregelungen oder Unterstützung benötigt.
- **Falscher Mix:** Es werden nur anspruchslose Aufgaben delegiert. Die Mitarbeiter kommen sich wie Handlanger vor und gehen in die innere Kün-

digung. Tipp: Hin und wieder an kompetente Mitarbeiter auch etwas Anspruchsvolles delegieren.

- **»Der Mitarbeiter kann das nicht!«** Deshalb wird nicht delegiert – anstatt den Mitarbeiter per Einweisung oder Weiterbildung so weit zu entwickeln, dass man ihm bald delegieren kann.
- **Mangelnde Hintergrundinformation:** Weshalb? Wofür? Warum? Wer vor der Delegation diese Fragen nicht klärt, demotiviert und bekommt ein schlechtes Ergebnis. Der Mensch braucht einen Sinn, um etwas zu tun.
- **Mangelnde Anerkennung:** Nach Zielerreichung kriegt der Mitarbeiter meist noch nicht mal ein Dankeschön. »Schließlich wird der Mitarbeiter dafür bezahlt!« Stimmt einerseits. Andererseits demotivieren Sie ihn damit.
- **Doppel-Delegation:** Man lässt zwei (oder mehr) Mitarbeiter das Gleiche machen und sucht sich danach das beste Ergebnis aus. Gute Idee. Funktioniert leider nur drei-, vielleicht viermal. Danach merken es die Mitarbeiter und sabotieren.
- **Rückdelegation:** »Chef, wir haben ein Problem!« – »Okay, geben Sie mal her!« Stattdessen: »Machen Sie mir einen Vorschlag, wie Sie es lösen können.« So wehren Sie kalte Rückdelegationen erfolgreich ab.
- **Kluft zwischen Kompetenz und Verantwortung:** Dem Mitarbeiter wird eine Aufgabe delegiert, für die er voll verantwortlich ist – doch die nötige Entscheidungskompetenz wird ihm nicht gegeben. Ständig muss er zu seinem Vorgesetzten und ihn um Erlaubnis und Entscheidungen bitten. Resultat: schlechte, verspätete Ergebnisse und verärgerte Mitarbeiter. Abhilfe: Wem delegiert wird, sollte die Basics seines Auftrags selbst entscheiden dürfen. Geben Sie einen Entscheidungs- und Kompetenzrahmen vor.
- **Oberlehrer-Delegation:** Dem Mitarbeiter wird nicht nur das *Was* (Ziele) vorgegeben, sondern auch das *Wie* (Art und Weise der Realisierung), sodass er sich mit null Freiraum wie ein Sklave vorkommt und auch so handelt: Dienst nach Vorschrift. Abhilfe: Machen Sie keine Vorschriften – delegieren Sie Ziele. Denn letztendlich zählt nur, was unten dabei rauskommt. Wie das erreicht wird, ist Sache des Mitarbeiters.
- **Mach-mal-Delegation:** Dem Mitarbeiter wird mit den Worten »Machen Sie mal!« delegiert. Der Mitarbeiter hat keine Ahnung, was von ihm erwartet wird, und liefert prompt unbrauchbare Ergebnisse. Abhilfe: W-Delegation (s. S. 75).

- **Split-Delegation:** Ein homogenes Arbeitspaket wird in mehrere Pakete aufgespalten und dann einzelnen Mitarbeitern delegiert – ohne dass einer vom anderen weiß! Die Schnittstellenprobleme torpedieren daraufhin die Ergebnisse. Abhilfe: Schnittstellen per Projektplanung sauber regeln!
- **Torschluss-Delegation:** Viele Führungskräfte delegieren erst dann, wenn sie selbst nicht mehr genügend Zeit für eine Aufgabe haben: »Schnell, Frau Meier, das muss in zwei Stunden fertig sein!« Das ist keine Delegation, sondern eine Panikreaktion. Wenn Sie die Arbeit in zwei Stunden nicht schaffen, schafft sie der Mitarbeiter auch nicht. Sie haben danach zwar einen kommoden Sündenbock, aber kein brauchbares Ergebnis.
- **Pfau-Delegation:** Der Manager delegiert die Aufgabe und schmückt sich dann selbst mit den Federn des Erfolgs. Das funktioniert genau einmal. Danach wird es schwer werden, einen Mitarbeiter zu finden, der so dumm ist, es mit sich machen zu lassen.

Wann immer Sie delegieren, checken Sie Ihre Delegation anhand obiger Fehler ab und vermeiden Sie diese Fehler. Schon nach wenigen Delegationen haben Sie die kritischen Punkte im Kopf.

Mitarbeitergespräch: Wie sage ich es meinem Mitarbeiter?

Manchmal lässt sich ein längeres Gespräch mit einem Mitarbeiter einfach nicht länger aufschieben. In gut geführten Unternehmen ist ein solches Gespräch sogar einmal jährlich vorgeschrieben. Manager sind davon »begeistert«:

- »Das frisst unheimlich viel Zeit!«
- »Es ist einfach unangenehm, andere bewerten zu müssen.«

Vor allem frisch Beförderte sind oft verunsichert: Sie haben keine Ahnung, wie man so ein Gespräch führt. In Coachings fragen sie oft völlig genervt: »Was mache ich denn, wenn der Mitarbeiter mir widerspricht oder gar mit dem Betriebsrat droht? Was, wenn er total uneinsichtig ist?«

Aus dieser Verunsicherung heraus begehen Führungsanfänger die typischen Anfängerfehler:

- Sie vergreifen sich im Ton und greifen den Mitarbeiter im Gespräch persönlich an.
- Sie behandeln ihnen sympathische Mitarbeiter bevorzugt.
- Sie lassen zu viel durchgehen, weil sie nicht wissen, wie man auch unpopuläre Ermahnungen anbringt.
- Sie greifen zu hart durch und kramen jeden noch so kleinen Fehler hervor, den der Mitarbeiter im Laufe eines Jahres gemacht hat.

Warum das alles? Weil ihnen niemand erklärt hat, wie man so ein Gespräch führt. Dabei ist das nicht einmal kompliziert. Sie brauchen dafür nur wenig. Das Wichtigste davon: das Bewertungsschema.

Wenn Sie die Leistung eines Mitarbeiters am Ende eines Zeitraums beurteilen, können Sie das nur anhand von Beurteilungskriterien. Natürlich muss der Mitarbeiter diese vorher kennen! Sonst weiß er nicht, was Sie von ihm erwarten. Also teilen Sie allen Mitarbeitern mit, aufgrund welcher Kriterien sie im Mitarbeitergespräch beurteilt werden. In gut geführten Unternehmen gibt Ihnen die Unternehmensleitung dieses Beurteilungsschema. Arbeiten Sie in keinem gut geführten Unternehmen, stellen Sie sich das Schema selbst zusammen: Was genau erwarten Sie von Ihren Mitarbeitern? Fleiß? Kompetenz? Kundenorientierung? Unternehmerisches Denken? Entwerfen Sie Ihren ganz persönlichen Katalog, der Ihren Zielen im Aufgabengebiet am ehesten gerecht wird.

Aufgepasst: Sobald die Beurteilung Bestandteil der Personalakte wird (das kann sie, das muss sie nicht), muss der Betriebsrat zustimmen!

Übrigens: Nur einmal im Jahr ist die Durchführung des Mitarbeitergesprächs nicht sonderlich sinnvoll, obwohl viele Unternehmen es so vorschreiben. Denn nur einmal im Jahr jemanden grundsätzlich zu motivieren oder ihm zu sagen, wo er sich bessern soll, ist zu wenig. Oder würden Sie sich zutrauen, mit nur einer Trainerstunde im Jahr Golfspielen zu lernen? Sicher nicht. Daher führen erfolgreiche Vorgesetzte das Mitarbeitergespräch zwei- bis dreimal im Jahr, viele sogar quartalsweise. Außerdem wird das Mitarbeitergespräch auch regelmäßig bei konkreten Anlässen geführt, zum Beispiel als Kritik- oder Entwicklungsgespräch.

Die weitaus größten Hemmungen vor dem Mitarbeitergespräch haben frisch Beförderte bezüglich der Wortwahl. Wegen dieser Ängste schieben neue Vorgesetzte das nötige Gespräch oft so lange auf, bis es zu spät ist, die Situation eskaliert oder der Mitarbeiter mangels Korrektur schwere Fehler macht. Das ist eine Möglichkeit. Eine andere ist es, das Gespräch einfach so zu führen, dass der Mitarbeiter eben nicht widerspricht oder mit dem Betriebsrat droht. Wie? Das ist gar nicht so schwer:

- Überlegen Sie sich vorab, was Sie sagen möchten – spontane Formulierungen gehen meist daneben.
- Antizipieren Sie: Löst meine Formulierung womöglich Protest aus?
- Welche Formulierung kommuniziert den Sachverhalt, ohne Protest auszulösen?

Der Ton macht die Musik: Sie wissen selbst, welche Formulierungen Widerspruch auslösen. Das sind Vorwürfe, Verallgemeinerungen und persönliche Angriffe. Sie haben so etwas nicht nötig! Man kann das auch vorwurfsfrei kommunizieren. Bleiben Sie sachlich.

Überlegen Sie sich vor allem: Was möchte ich? Recht haben oder dass der Mitarbeiter sein Verhalten ändert? Danach fällt Ihnen die Wortwahl bedeutend leichter. Dem Mitarbeiter »eine reinwürgen« zu wollen, ist zwar ein verständlicher Impuls – aber einer, den Sie mit heftigem Widerstand vonseiten des Mitarbeiters bezahlen.

Sagen Sie also zum Beispiel nicht: »Was fällt Ihnen ein, Kunde X zu sagen, dass wir nie und nimmer vor Ostern liefern können?«, sondern: »Welchen Liefertermin haben Sie Kunde X zugesagt? Aha. Wie hat der Kunde das aufgenommen? Soso. Wäre noch eine andere Lösung denkbar gewesen?« Der Mitarbeiter kommt danach schon selbst darauf, dass er dem Kunden eine andere Lösung hätte präsentieren können.

☑ Checkliste: Widerstandsfreies Mitarbeitergespräch

Lassen Sie Widerstände des Mitarbeiters erst gar nicht aufkommen:

- ☐ **Fallen Sie nicht mit der Tür ins Haus, sondern holen Sie den Mitarbeiter erst einmal ab:** »Wir reden heute darüber, wie das letzte Jahr (Quartal) zu bewerten ist.«
- ☐ **Selbstbeurteilung:** »Wie sind Sie selbst mit Ihrer Leistung zufrieden?« Der Vorteil: Sie erkennen an seiner Selbsteinschätzung sofort potenzielle Widerstandsfallen, in die Sie danach nicht mehr treten können. Außerdem erwartet der Mitarbeiter, dass er kritisiert wird – und jetzt fragen Sie ihn ganz höflich nach seiner Meinung! Das nimmt ihm zunächst den Wind aus den Segeln und zeigt ihm, dass Sie fair sind.

- ☐ **Picken Sie die Punkte heraus, mit denen Sie konform gehen:** »Ich finde wie Sie, dass Sie bei … große Fortschritte gemacht haben.« Geben Sie hierbei satte Anerkennung. Erstens, weil sie dem Mitarbeiter zusteht. Zweitens, weil Anerkennung Widerstände reduziert.
- ☐ **Nennen Sie die Punkte, mit denen Sie nicht konform gehen, aber bitte nicht als vorwurfsvolle Sie-Botschaft:** »Sie führen Ihre Kunden immer noch zu lax!«, sondern als vorwurfsfreie Ich-Botschaft: »Ich erwarte von Ihnen, dass Sie alle A-Kunden mindestens einmal wöchentlich kontaktieren.«
- ☐ **Voraussetzungen klären:** »Was können Sie tun, damit Sie das erreichen? Was brauchen Sie dazu?«

Wenn Sie auf Nummer sicher gehen wollen, machen Sie aus den beiden letzten Punkten eine Zielvereinbarung (s. S. 71).

Wortbomben

Viele frisch Beförderte haben Probleme mit widerspenstigen Mitarbeitern: »Meine Mitarbeiter spuren nicht!« Auch das ist ein stilles Symptom von Selbstüberschätzung: Schuld sind immer nur die anderen. Das heißt nicht, dass eigentlich die Führungskräfte schuld daran sind. Sie wissen lediglich nicht, dass sie im Mitarbeitergespräch oft Wortbomben verwenden.

☑ Checkliste: Vermeiden Sie diese Wortbomben!

- ☐ **Generalisierungen:** »Sie kommen immer zu spät!« Sofort widerspricht der Mitarbeiter und nennt drei Fälle, bei denen er ausnahmsweise pünktlich war. Vermeiden Sie generalisierende Begriffe wie »immer«, »ständig«, »nie«, »völlig«, »total« … und nennen Sie einfach drei bis vier konkrete Belege, bei denen kein Widerspruch möglich ist, weil es belegbare Fakten sind.
- ☐ **Abstrakta:** »Ihre Leistung lässt zu wünschen übrig!« »Sie sind nicht kommunikativ genug!« Was heißt das konkret? Das weiß man nicht. Deshalb startet der Mitarbeiter sofort eine Rechtfertigungsorgie, die Sie zehn Minuten Ihrer knappen Zeit kostet. Daher: Werden Sie konkret, zum Beispiel: »Ihre Leistung bei der Neukundenakquise liegt zehn Prozent unter dem Schnitt.« Darüber lässt sich nicht streiten.

- ☐ **Persönliche Wertungen:** »Sie sind einfach kein guter Präsentator!« Würde man Ihnen das sagen, würden Sie sich auch aufregen! Also bleiben Sie sachlich: »Wenn Sie zehn Folien pro Minute zeigen, schwirrt mir danach der Kopf.«
- ☐ **Sie-Botschaften:** »Sie sind immer so penibel!« Widerspruch! Daher: Stets Ich-Botschaften verwenden. »Ich erwarte, dass Sie einem verdienten Verkäufer auch mal eine unnötige Spesenposition durchgehen lassen, sofern sie unter 100 Euro liegt!«
- ☐ **Keine Warums:** »Warum sind Ihre Zahlen so schlecht?« Mit dieser problemzentrierten Frage provozieren Sie eine Rechtfertigungsorgie! Fragen Sie lösungszentriert: »Was können Sie tun, damit es besser wird?«
- ☐ **Ironie, Zynismus, Sarkasmus:** »Also der Hellste sind Sie nicht in unserem Team!« Das ist unprofessionell. Wer gut ist, hat so etwas nicht nötig.

Schutz für Vorgesetzte

Gerade neue Führungskräfte haben mit der emotionalen Seite des Mitarbeitergesprächs die heftigsten Probleme. Das ist verständlich, wenn man hört, was Mitarbeiter in diesen Gesprächen so von sich geben:

- »So können Sie das aber nicht sehen! Wie kommen Sie zu dem Vorwurf? Ich weiß nicht, was Ihr Problem ist!«
- »Ihr Vorgänger hatte damit überhaupt kein Problem. Sie sind total voreingenommen und ungerecht! Aber davor hat man uns ja schon gewarnt.«
- »Ich weiß nicht, wie Sie das sagen können. Sie haben darin doch überhaupt keine Erfahrung!«

Da sitzt man als frischgebackener Vorgesetzter erst mal da und schluckt trocken. Man fühlt sich persönlich angegriffen. Das ist verständlich. Wie gehen erfahrene Führungskräfte damit um?

☑ Checkliste: Wenn Sie angegriffen werden

- ☐ Weigern Sie sich bewusst und konsequent, emotionale Entgleisungen persönlich zu nehmen.
- ☐ Sagen Sie sich: »Er meint nicht mich persönlich. Er braucht nur ein Ventil für seine Ängste und Unsicherheiten.« Das reicht meist, um innerlich Abstand zu gewinnen und die eigenen Emotionen zu schonen.
- ☐ Üben Sie diese Distanzierung im Gespräch. Nach einem Dutzend Wiederholungen ist Ihnen die Technik vertraut.
- ☐ Denken Sie daran, dass Angriffe immer subjektiv sind.
- ☐ Lassen Sie sich nicht zu einem Gegenangriff provozieren.
- ☐ Konzentrieren Sie sich auf die Sachebene der Botschaft.
- ☐ Falls Ihr Gegenüber ausfallend wird, können Sie das Gespräch durchaus unterbrechen und auf einen späteren Zeitpunkt verlegen. Bis dahin haben sich alle Parteien wieder beruhigt, und ein konstruktives Gespräch ist eher möglich.

Das Kritikgespräch

Mitarbeiter machen auch mal Fehler. Dann müssen Sie es ihnen sagen. Davor fürchten sich die meisten Führungskräfte wegen der zu erwartenden verschärften Widerstände (keiner lässt sich gerne kritisieren). Das ist vermeidbar, wenn man weiß, wie es geht.

☑ Checkliste: Kritikgespräch

- ☐ Führen Sie ein Kritikgespräch niemals zwischen Tür und Angel. Das läuft aus dem Ruder.
- ☐ Vereinbaren Sie stattdessen einen Termin.
- ☐ Der Termin darf nicht spontan sein: Immer eine Nacht drüber schlafen, besser sind 48 Stunden. Sonst wird das Ganze viel zu aufgeladen.
- ☐ Warten Sie jedoch nicht zu lange: Länger als 48 Stunden ist kontraproduktiv, weil sich der Mitarbeiter unter Umständen danach nicht mehr an den Vorfall erinnert und zu fantasieren beginnt.

- ☐ Kritikgespräche niemals telefonisch führen! Das hat keinen Stil und provoziert Racheakte (E-Mail ist ebenfalls schlechter Stil).
- ☐ Kritikgespräche niemals vor Dritten führen, immer unter vier Augen.
- ☐ Benutzen Sie für das Kritikgespräch im Übrigen den Gesprächsleitfaden in der »Checkliste: Widerstandsfreies Mitarbeitergespräch« (s. S. 80).
- ☐ Vor heiklen Mitarbeiter- und Kritikgesprächen schalten erfahrene Manager oft einen Executive Coach ein, mit dem sie das Vorgehen besprechen.

Mitarbeiterauswahl: Die Richtigen finden

Die Mitarbeiterauswahl stellt Führungskräfte vor schwerwiegende Fragen: »Was, wenn ich den Falschen einstelle?« Dann handelt die neue Führungskraft sich den Vorwurf des eigenen Vorgesetzten ein: »Sie sind unfähig, die richtigen Leute zu finden!« Was ist, wenn der neue Mitarbeiter die verlangte Leistung nicht bringt? Wenn er nicht ins Team passt? Wenn die Führungskraft den neuen Mitarbeiter zwar gut findet, dieser aber vom Rest der Abteilung abgelehnt wird? Und vor allem: Was ist, wenn sich herausstellt, dass der Neue besser ist als die Führungskraft selbst?

Aus der Mitarbeiterauswahl wird gerne ein großes Mysterium gemacht. Es ist die Rede von Erfahrung, von Bauchgefühl und Menschenkenntnis. Das sind zwar auch nötige Voraussetzungen, aber mit systematischem und planvollem Vorgehen ist dieses Mysterium leicht aufzulösen. Drei Schritte sind bei der Mitarbeiterauswahl zu berücksichtigen:

- Anforderungsprofil
- Vorselektion
- Hauptselektion

Das Anforderungsprofil: Wie finden Sie »den Richtigen«? Indem Sie sich einfach fragen: Was muss der Richtige mitbringen? Diese Frage wird in der Regel nicht bzw. zu selten gestellt. Viele Führungskräfte schauen sich noch nicht einmal die Stellenanzeige an, die die Personalabteilung für sie annonciert. Danach wundern sie sich, wieso sich so viele unbrauchbare Bewerber melden. Wer sich über unbrauchbare Bewerber beschwert, hat kein oder das falsche Anforderungsprofil. Erstellen Sie Ihr Anforderungsprofil:

- Welche fachlichen Voraussetzungen muss der ideale Bewerber mitbringen? Welche Fähigkeiten? Welche beruflichen Erfahrungen? Worin?
- Welche persönlichen und mentalen Voraussetzungen sollte der Bewerber mitbringen, um die Funktion gut zu erfüllen, für die er sich bewirbt? Welche Charaktereigenschaften, welche Motivationslage und Stressresistenz, um zur Aufgabe, zu Ihnen und zum Team zu passen? Welches Erscheinungsbild, welches Auftreten?

Erstellen Sie einen sogenannten Kriterienkatalog. Hier listen Sie alle Anforderungen auf, die der optimale Bewerber mitbringen sollte. Gewichten Sie die Kriterien zum Beispiel nach 1, 2, 3. 1 ist unbedingt notwendig, 2 ist bedingt notwendig, und 3 wäre gut, muss aber nicht sein.

Nehmen Sie nicht nur die praktischen Kenntnisse und Fähigkeiten, Berufsausbildung, Berufserfahrung, kommunikative Kompetenzen und andere in diesem Kriterienkatalog auf, sondern auch alle sogenannten »weichen« Anforderungen von Auftreten bis Erscheinungsbild, Lernbereitschaft bis Entwicklungspotenzial, Umgang mit Hierarchien bis Einpassung in die Unternehmenskultur oder die Frage »Können Sie sich vorstellen, mit diesem Mitarbeiter langfristig, eng und vertrauensvoll zusammenzuarbeiten?«. Aber Vorsicht: Verfallen Sie nicht der Versuchung, sich die »eierlegende Wollmilchsau« zu erstellen. So einen Mitarbeiter gibt es nicht.

Tipp

Seien Sie sehr, sehr gründlich bei der Erstellung des Kriterienkataloges. Erstellen Sie den Katalog mit mindestens zwei anderen Führungskräften zusammen, zum Beispiel aus der Personalabteilung und einem anderen Verkaufsleiter.

Nutzen sie externe, standardisierte Profiling-Instrumente. Das hat den Vorteil, dass Sie auf einen neutralen Berater zurückgreifen können. Dieser erstellt mit Ihnen für jede offene Position ein aussagekräftiges und vor allem zuverlässiges persönliches, mentales und leistungsorientiertes Profil des Idealbewerbers. Dieses nutzen Sie später für das sogenannte Profiling (s. S. 88).

Die Vorselektion: Laufen die Bewerbungen ein, wählen Sie jene Bewerber aus, deren Bewerbung inhaltlich dem Anforderungsprofil entspricht. Das klingt simpel? Stimmt, doch in der Praxis ist es alles andere als das. Oft beklagen sich Führungskräfte über die Flut der anfallenden Bewerbungen.

Danach kommt die schwierige Aufgabe der Vorselektion. Dabei machen viele Führungskräfte typische Selektionsfehler:

- Sie fallen auf gut klingende, aber nichts sagende und verräterische Formulierungen von Bewerbern herein wie »mehrjährige Erfahrung« – wie viele Jahre denn? Oder »umfangreiche Verantwortung« – wie umfangreich? Wer so formuliert, erfüllt das Anforderungsprofil nicht, weil er nicht das vorzuweisen hat, was konkret verlangt wird. Aussortieren.
- Sie lassen sich von einer Superfähigkeit des Bewerbers blenden und übersehen dabei alle anderen Punkte. Der Bewerber muss jedoch dem kompletten Anforderungsprofil entsprechen – wozu hätten Sie es denn sonst aufgestellt?
- Sie quälen sich durch unübersichtliche Bewerbungen. Tun Sie es nicht: aussortieren.
- Sie fallen auf unbewiesene Behauptungen herein wie »selbstständige Entscheidungen« – welche denn?
- Sie fallen auf bewusst gefälschte Bewerbungsunterlagen herein – man geht davon aus, dass etwa zehn Prozent aller eingereichten Unterlagen in etlichen Punkten gefälscht sind.

Vermeiden Sie diese Fehler, dann ist die Vorselektion eine Riesenerleichterung: Im Schnitt erfüllen 50 bis 95 Prozent aller Bewerber nicht das komplette Anforderungsprofil. Daran können Sie erkennen, dass das Anforderungsprofil eine echte Arbeitserleichterung und Zeitersparnis ist.

Tipp

Jede Minute, die Sie in das Anforderungsprofil stecken, erspart Ihnen danach eine Stunde Ärger und Zeitverlust.

Achten Sie bei der Vorselektion auch auf Überqualifikation: Ist ein Bewerber offensichtlich überqualifiziert, betrachtet er die ausgeschriebene Position möglicherweise als Übergangsjob und ist wieder weg, noch bevor er sich eingearbeitet hat!

Die Hauptselektion: Selbst wenn sich Hunderte beworben haben: Laden Sie immer nur die drei bis fünf Bewerber zum Gespräch ein, die Sie aufgrund der Vorselektion für die aussichtsreichsten halten. Es gibt Jungmanager, die sich damit brüsten, für eine Position 20 Interviews geführt zu haben. Das ist kein Verdienst, das ist Selbstüberschätzung. Diese Zeitverschwendung ist überflüssig.

Klären Sie im ersten Gespräch die fachlichen Voraussetzungen:

- Kann der Bewerber die im Bewerbungsschreiben vorgegebenen fachlichen Fähigkeiten im Gespräch erhärten?
- Sind die Belege, die er dafür anführt, glaubhaft und überzeugend?
- Sind seine Aussagen plausibel? Oder verstrickt er sich in Widersprüche?

Überprüfen Sie danach die persönlichen Voraussetzungen des Bewerbers. Um zu beurteilen, ob ein Bewerber charakterlich auf das Anforderungsprofil passt, verlassen Sie sich bitte nicht nur auf den ersten Eindruck oder seine Aussage. Wenn der ideale Bewerber zum Beispiel laut Anforderungsprofil »auch mal selbst mit anpacken« soll, dann fragen Sie ihn nicht: »Sind Sie fleißig?« Denn warum sollte er auf so eine Frage ehrlich antworten? Simulieren Sie vielmehr eine Situation aus seinem späteren Führungsalltag und stellen Sie offene Fragen.

Bei uns muss jeder mit anpacken

Ein Manager in einem mittelständischen Unternehmen stellt selbst für Bürotätigkeiten nur Leute ein, die auch mit anpacken können. Also simuliert er folgende Situation: »Angenommen, Sie bekommen den Job, und eines Tages landet ein Auftrag bei Ihnen, bei dem die Fertigung vergessen hat, die Etiketten aufzukleben. Die Etiketten liegen lose in der Versandschachtel. Was machen Sie?« Einige Bewerber antworten: »Sofort zurück an die Fertigung geben.« Genau das will der Manager nicht hören.

Denken Sie auch daran, bei jedem Punkt des Anforderungsprofils zu notieren, wie gut ihn der interviewte Bewerber erfüllt. Sie können dafür auch eine Skala verwenden, zum Beispiel: Erfüllt diese Anforderung herausragend – gut – befriedigend – unbefriedigend – nicht. Lassen Sie auch genügend Platz für zusätzliche Bemerkungen. Das alles, damit Sie sich nach allen

Interviews noch daran erinnern können, welcher Bewerber Ihnen warum wie gut gefallen hat.

Profiling

Nutzen Sie standardisierte, validierte Profiling-Instrumente. Dies sind wissenschaftlich abgesicherte Bewerber-»Tests«, die Ihnen neutral und standardisiert Auskunft geben zu Fragen wie: Kann der Bewerber diese Tätigkeit erfolgreich ausführen? Wie wird er die Aufgaben erledigen? Wo hat er (noch) Entwicklungspotenzial? Wie sollte er geführt werden?

Der Bewerber beantwortet in 60 bis 90 Minuten einen computerunterstützten sogenannten Profiling-Fragebogen. In circa 250 bis 390 Items beantwortet er Fragen zu seinen mentalen und intellektuellen Fähigkeiten, zu seinen Berufsinteressen und zu seinen Verhaltensmerkmalen. Sie erhalten in der Auswertung Auskunft darüber, inwieweit dieser Bewerber auf Ihr vorher erstelltes Anforderungsprofil passt, wo es welche Abweichungen gibt, ob und, wenn ja, wie diese Abweichungen aufgearbeitet werden können und welche Führung dieser Mitarbeiter von Ihnen braucht.

Der große Vorteil des Profiling: Bewerber, die nicht aufs Idealprofil passen, erkennen Sie nach einer (IT-gestützten) Auswertung buchstäblich auf den ersten Blick. Sie können sich sofort auf die aussichtsreichen Bewerber konzentrieren. Das bedeutet erhebliche Kosten-, Zeit- und Aufwandsersparnis. Inzwischen hat das Profiling in vielen großen und führenden Unternehmen sogar das Assessment Center als Königsweg der Bewerberauswahl abgelöst. Im Übrigen muss man in keinem Großunternehmen arbeiten, um Profiling einzusetzen.

FAQ-Bewerbungsgespräch

Zwei Fragen stellen sich Führungskräfte häufig zum Bewerbungsgespräch. Die erste: »Wie kann ich erkennen, ob ein Bewerber lügt?« Antwort: Indem Sie ihm Simulationsfragen stellen, das heißt Fragen, in denen er einen fiktiven betrieblichen Zusammenhang simulieren muss. Wer dabei lügt, muss Dinge erfinden. Und das sticht ins Auge: Der Bewerber zögert, zappelt, stottert, verstrickt sich in Widersprüche und entlarvt sich damit selbst. Vor allem dann, wenn Sie nachhaken.

Die zweite Frage: »Wie führe ich überhaupt ein Bewerbungsgespräch?« Antwort: Indem Sie sämtliche Punkte Ihres kompletten Anforderungsprofils der Reihe nach abfragen – und indem Sie die häufigsten Fehler vermeiden.

☑ Checkliste: Die häufigsten Fehler vermeiden

Wenn Bewerbungsgespräche unergiebig verlaufen, liegt es meist an Folgendem:

- ☐ **Man hat sich schlecht vorbereitet.** Fragt zum Beispiel ein Manager den Bewerber: »Haben Sie überhaupt Erfahrung in unserer Branche?« Peinlich, das stand schon in der Bewerbung drin!
- ☐ **Der Vorgesetzte verstößt gegen die 30/70-Regel.** Anstatt zu 70 Prozent der Zeit den Bewerber auszuhorchen, ergehen sich viele Chefs zu 90 Prozent der Zeit in Selbstdarstellung ihrer Person und des Unternehmens. Das ist nicht Sinn eines Bewerbergesprächs!
- ☐ **Der Vorgesetzte schaut zum Fenster hinaus oder sonst wohin.** So entgeht ihm die Körpersprache des Bewerbers, die ihm verrät, ob dieser lügt.
- ☐ **Es erfolgt eine ständige Störung.** Man wird permanent durch Telefon, Sekretärin, Mitarbeiter, Kollegen unterbrochen.
- ☐ **Man hakt nicht nach und nimmt die Selbstdarstellung des Bewerbers für bare Münze.** Anstatt mal nachzufragen: »Wie genau lief das denn ab?«

Trainingssache

Sie können aus diesem Buch lernen, wie man den richtigen Bewerber einstellt. Mit ein wenig Disziplin gelingt das in der Regel recht gut. Die meisten frisch Beförderten tun sich jedoch erheblich leichter, wenn sie ein entsprechendes Training besuchen. Dort können Sie so ein Gespräch üben, bis es »sitzt«. Denn die Beurteilung von Bewerbern ist ebenfalls Übungssache: Je mehr Übung, desto leichter fällt es Ihnen.

Außerdem trainieren Sie auf solchen Seminaren,

- wie Sie die richtigen Fragen stellen;
- wie Sie Lügen und Halbwahrheiten des Bewerbers schneller erkennen;

- wie Sie den Klon-Effekt vermeiden: Viele Chefs stellen unbewusst Abbilder ihrer selbst ein, weil ihnen diese Bewerber am sympathischsten sind;
- wie Sie den Ja-Sager-Effekt verhindern: Viele Chefs stellen unbeabsichtigt nicht den besten Bewerber ein, sondern den, der sich am besten fügt;
- wie Sie die Code-Sprache der Arbeitszeugnisse übersetzen;
- wie Sie erlaubte von unerlaubten Fragen unterscheiden;
- wie Sie Bewerbertricks durchschauen.

Das Kapitel auf einen Blick

- Vereinbaren Sie Ziele generell smart (anstatt sie vorzugeben).
- Ohne Zielkontrolle keine Zielerreichung!
- W-delegieren Sie alles Delegierbare.
- Führen Sie Mitarbeitergespräche widerstandsarm.
- Stellen Sie auf Basis des Anforderungsprofils immer die richtigen Mitarbeiter ein.

Zeitmanagement im Führungsalltag

Kommt Ihnen folgendes Szenario bekannt vor? Es ist 17:30 Uhr. Der ganze Tag war vollgepackt und stressig. Alle Kollegen und Mitarbeiter sind weg. Jetzt ist es ruhig, und Thomas, der Vertriebsleiter, kommt endlich zu seiner eigentlichen Arbeit. Auf seiner To-do-Liste steht noch ein Haufen unerledigter Aufgaben, und in seinem Postfach warten noch 32 Mails auf ihn. Er macht sich an die Arbeit. Beim nächsten Blick auf die Uhr ist es wieder mal weit nach 20:00 Uhr.

Wenn solche Tagesabläufe auch bei Ihnen überwiegen, dann seien Sie sicher: Das halten Sie nicht lange durch. Mit Ihrer steigenden Fehlerquote sinken Ihre Erfolge. Sie verlieren den Spaß an Ihrem Job und werden übellaunig. Ihre Mitarbeiter gehen Ihnen lieber aus dem Weg, und Ihr Chef hält Sie für hoffnungslos überfordert.

Viele Manager versuchen, zu viel Arbeit in die ihnen zur Verfügung stehende Zeit zu pressen. Nach dem Motto »Je voller der Plan, desto wichtiger sein Besitzer« verkommt ihr Terminkalender zu einer ziellosen und sinnfreien To-do-Sammelstelle. Aber wer schon seine Aufgaben nicht managen kann, der kann auch Abteilungen und Mitarbeiter nicht managen.

Und wie sieht es bei Ihnen aus? Beantworten Sie die folgenden Fragen.

☑ Checkliste: Brauchen Sie Zeitmanagement?

	Ja	Nein
Es kommt vor, dass ich zwar viel geschafft, aber trotzdem den Eindruck habe, dass es noch nicht genug ist.	☐	☐
Es kommt häufig vor, dass ich wichtige Aufgaben erst erledige, wenn alle anderen weg/noch nicht da sind.	☐	☐
Tagsüber werde ich häufig bei meinen Aufgaben unterbrochen.	☐	☐
Manchmal nehme ich mir Aufgaben vor, bei denen ich Termine oder Zusagen am Ende nicht einhalten kann.	☐	☐

Es kommt vor, dass ich E-Mails immer wieder sichte, weil ich nicht dazu komme, sie abzuarbeiten.	☐	☐
Es kommt vor, dass ich regelmäßig, auch zu Hause, nicht mehr abschalten kann.	☐	☐
Ich habe häufig Angst, etwas vergessen zu haben.	☐	☐
Manchmal habe ich Angst, den Überblick zu verlieren.	☐	☐
Ich nehme mir regelmäßig Arbeit mit nach Hause.	☐	☐
Ich habe schon wichtige Privattermine vergessen.	☐	☐
Es kommt häufiger vor, dass ich, während ich eine Sache erledige, mit meinen Gedanken bei einer anderen Sache bin.	☐	☐
Es ist für mich normal, in Gesprächen mit anderen »schnell mal zwischendurch« mein Smartphone nach Anrufen, Nachrichten oder E-Mails zu checken.	☐	☐
Meine Familie/Freunde haben sich schon häufiger beschwert, dass ich zu wenig Zeit für sie habe.	☐	☐
Um mein Hobby habe ich mich schon lange nicht mehr gekümmert.	☐	☐
Manchmal frage ich mich: »Arbeite ich um zu leben, oder lebe ich um zu arbeiten?	☐	☐

Wenn Sie ein bis drei Fragen mit »Ja« beantwortet haben, werden Sie mit einer Optimierung Ihres Zeitmanagements schnell aus diesen Führungsfallen rauskommen. Wenn Sie vier bis sieben Fragen mit »Ja« beantwortet haben, zeigen Sie deutliche Stresssymptome und sollten dringend an Ihrer Prioritätensetzung und Zielklarheit arbeiten. Wenn Sie mehr als sieben Fragen mit »Ja« beantwortet haben, ist Ihre Work-Life-Balance komplett aus den Fugen geraten. Sie fallen bereits unangenehm auf (auch wenn Ihnen das noch niemand gesagt hat), Ihr Chef wird ungeduldig, Sie zeigen deutliche Burn-out-Symptome, und Ihr Job ist gefährdet.

Lassen Sie es nicht so weit kommen. Mit ein bisschen Disziplin und wenigen Zeitmanagementpraktiken behalten Sie die Führung über Ihren Alltag im Griff und steuern Ihr (Führungs-)Leben zu Erfolg und Zufriedenheit.

Zeitmanagement besteht aus

- Prioritätensetzung,
- Zielsetzung,
- Zeitplanung.

Prioritäten richtig einschätzen

Der ganz »normale« Alltagswahnsinn

Christa, Bereichsleiterin eines Medizinprodukteherstellers, kommt morgens ins Büro. Auf ihrem Schreibtisch findet sie Notizen ihrer Sekretärin: Ihr Chef wünscht ein Gespräch. Der Controller will mit ihr die aktuellen Verkaufszahlen durchgehen. Sie ist zu einem Marketingmeeting eingeladen. Ein Kunde bittet wegen einer Reklamation um Rückruf. Ein Außendienstmitarbeiter hat sich krankgemeldet. Das Meeting mit der Personalabteilung ist abgesagt. Der Produktionsleiter hat heute zehnjähriges Betriebsjubiläum.
Außerdem warten weitere Aufgaben auf sie: Den Forecast für das neue Verkaufsgebiet will sie erarbeiten. Die Präsentation für die nächste Vorstandssitzung ist noch nicht fertig. Die Außendiensttagung in drei Wochen ist noch nicht vorbereitet und geplant. Die Vertriebsstrategie für das neue Produkt muss erstellt werden.
Eine Mitarbeiterin aus dem Vertriebsinnendienst sitzt weinend an ihrem Arbeitsplatz. In Christas Postkorb befinden sich 48 E-Mails. Heute Abend will sie endlich mal wieder mit ihrer Freundin joggen. Kurz: Der ganz normale Alltags-»Wahnsinn«. Aber wo anfangen?

Um hier den Überblick zu behalten und nicht im Alltagstrubel hoffnungslos unterzugehen, hilft eine einfache Prioritätenmatrix. Stellen Sie sich bei Ihrer Aufgabenliste zwei Fragen:

- Ist die anstehende Aufgabe wichtig oder unwichtig? Die Wichtigkeit bezieht sich auf Ihre Funktion als Führungskraft. Werden Sie an dieser Aufgabe gemessen? Müssen Sie selbst diese Aufgabe durchführen?
- Ist die Aufgabe dringlich oder nicht dringlich? Muss sie sofort erledigt oder kann sie auf später verschoben werden?

Mittels dieser Matrix können Sie schnell entscheiden, ob eine Aufgabe Ihr sofortiges Handeln erfordert oder ob sie später (terminiert) erledigt werden kann, ob Sie die Aufgabe delegieren oder ganz aus Ihrer Liste streichen und in Ablage »P« (Papierkorb) verbannen können. Sie entscheiden, ob es sich um eine A-, B- oder C-Aufgabe handelt.

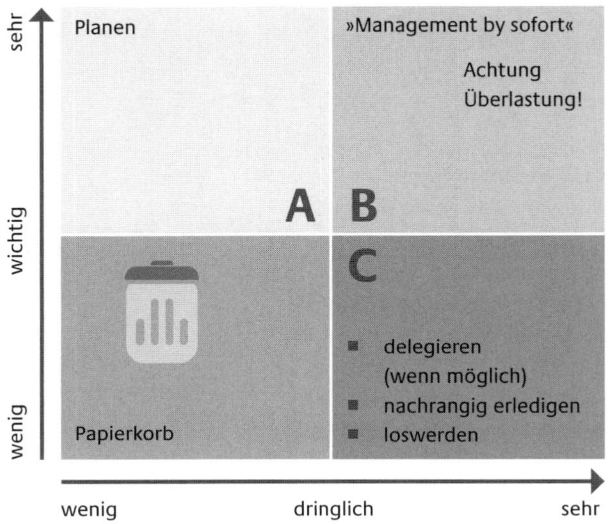

Merkmale von A-Aufgaben

A-Aufgaben sind **dringend und wichtig**, sie sind grundsätzlich nicht (mehr) delegierbar. Sie müssen diese Aufgaben also selbst erledigen. A-Aufgaben sind nicht verschiebbar. Das heißt: Packen Sie diese Aufgaben sofort an. Sie machen also »Management by sofort«. Aber Achtung: Verfallen Sie nicht in den Trugschluss: »Bei mir sind alles A-Aufgaben.« Starker Termindruck, Überlastung und Überforderung sind die Folgen.

Tipp

Planen Sie pro Tag circa zwei bis drei Stunden für A-Aufgaben ein. Schaffen Sie für die Erledigung der A-Aufgaben störungsfreie Zeiten. Schließen Sie Ihre Bürotür.

Merkmale von B-Aufgaben

B-Aufgaben sind **wichtig**, in Ihrer Zeitplanung aber **nicht dringend**. Das heißt, sie müssen nicht sofort oder heute noch erledigt werden. Aufgaben wie zum Beispiel Leitbilder entwickeln, große Projekte durchdenken oder die persönliche Weiterbildung sind wichtige »Chefsachen«, im Tagesgeschäft können sie aber leicht verloren gehen. Deswegen tragen Sie B-Aufgaben fest in Ihren Terminkalender ein.

B-Aufgaben sind teilweise delegierbar. Die Teilbereiche können von anderen durchgeführt werden. Hierbei ist aber sehr wichtig, dass Sie Kontrolltermine in Ihren Terminkalender eintragen und die Zuarbeit Ihrer Mitarbeiter nicht aus den Augen verlieren.

Tipp

Planen Sie pro Tag circa ein bis zwei Stunden Zeit für B-Aufgaben ein.

A-und B-Prioritäten sind kein starres Gebilde

Die Prioritätenmatrix ist kein starres Gerüst, in dem einmal zugeteilte Aufgaben immer ihren Satus behalten. Eine Aufgabe, die heute für Sie noch die Kategorie B hat, kann sich in vier Wochen zu einer A-Kategorie entwickelt haben. An dem Beispiel Forecast-Erstellung lässt sich das einfach zeigen.

Forecast-Erstellung

Im September des Jahres ist die Erstellung der Umsatzplanung für das nächste Geschäftsjahr für Sie noch eine B-Aufgabe. Als Vorbereitung brauchen Sie die Zahlen aus den Verkaufsgebieten. Sie delegieren diese Aufgabe an den Vertriebsinnendienst. Dieser soll Ihnen die Zahlen und Analysen bis zum 31. Oktober erstellen. Für den Vertriebsinnendienst ist dies eine A-Aufgabe, für Sie selbst (noch) eine B-Aufgabe. Sie tragen den 15. Oktober als Kontrolltermin und selbstverständlich den 31. Oktober als Endtermin in Ihren Kalender ein.
Ab dem 1. November müssen Sie den Forecast erstellen und am 15. November der Geschäftsleitung präsentieren. Jetzt hat sich die B-Aufgabe in eine A-Aufgabe verwandelt. Sie ist wichtig, jetzt auch dringend, nicht mehr delegierbar und kann nur von Ihnen durchgeführt werden.

Merkmale von C-Aufgaben

C-Aufgaben sind **dringend, aber nicht wichtig**. Das sollte jemand anders erledigen. Delegieren Sie und schauen Sie, dass Sie diese Belastungen loswerden. Falls keine Möglichkeit der Delegation besteht, sind das Aufgaben, die Sie als Erstes verschieben. Im Entscheidungsfall behandeln Sie C-Aufgaben immer nachrangig.

> **Tipp**
>
> Für C-Aufgaben planen Sie maximal eine Stunde pro Tag fest ein.

Auch als Führungskraft können Sie C-Aufgaben nicht ganz aus Ihrem Alltag streichen. Die Praxis erfahrener Führungskräfte zeigt aber, dass sie mit der Prioritätenmatrix C-Aufgaben schneller erkennen und ihre Delegation um 40 Prozent steigern konnten.

Einen groben Überblick über delegierbare bzw. nicht delegierbare Aufgaben können Sie sich anhand folgender Checklisten machen.

☑ Checkliste: Generell delegierbare Arbeiten

- ☐ Routineaufgaben
- ☐ Recherche
- ☐ Detailaufgaben
- ☐ Entscheidungsvorbereitung
- ☐ Präsentationsmittel gestalten: Folien, Charts …

Durchforsten Sie Ihre Tagesaufgaben und entscheiden Sie, welche Tätigkeiten Sie dieser Liste hinzufügen können. Befreien Sie sich von C-Aufgaben und konzentrieren Sie sich auf Ihre eigentliche Arbeit.

☑ Checkliste: Nicht delegierbare Aufgaben
☐ Zielvereinbarungen
☐ wichtige, zum Beispiel risikobehaftete Entscheidungen
☐ Aufgaben mit vertraulichen Daten
☐ strategische Ausrichtung und Planung
☐ Mitarbeiterauswahl und -einsatz
☐ Arbeitsplanung
☐ Zielplanung

Tipp

Achten Sie darauf, dass mindestens 80 Prozent Ihrer geplanten Aufgaben wirklich relevant für Ihre Führungsfunktion sind. Sollten Sie feststellen, dass Sie überwiegend Zeit für C-Aufgaben verbrauchen, prüfen Sie Ihre Prioritätensetzung oder Ihre Delegationskompetenz (s. S. 75).

Ablage »P«

Aufgaben, die **weder dringend noch wichtig** sind, gehen sofort in Ablage »P«, den Papierkorb. Lassen Sie die Finger davon.

Wenn Sie die oben aufgeführten Tipps genauer nachrechnen, werden Sie feststellen, dass wir nur vier bis sechs Stunden eingeplant haben. Und was ist mit dem Rest? Bedeutet das, dass Sie mit Zeitmanagement nur noch sechs Stunden am Tag zu arbeiten brauchen? Nein, so ist das nicht gemeint. Es geht hier um die fest eingeplanten Zeiten eines Arbeitstages. Der Rest sind Pufferzeiten.

Ziele setzen im Führungsalltag

Zielsetzung ist eine Ihrer wichtigsten Führungskernkompetenzen. Das wissen Sie spätestens seit dem Kapitel »Zielorientierung« (s. S. 58 ff.). Ziele sind der Maßstab, an dem jede Aktivität zu messen ist. Ohne Ziel bleibt der Endzustand jeglicher Handlung unklar.

Dies betrifft natürlich auch Ihre (täglichen) Aufgaben. Behalten Sie in der Hektik des Tagesgeschehens den Überblick und bringen Sie Struktur in Ihren Tagesablauf. Entscheiden Sie, was Sie wann tun werden. Das funktioniert nur, wenn Sie vorher wissen, wie das Endergebnis aussehen soll, was genau das Ziel Ihrer Aufgabe ist. Das Werkzeug für Zielsetzung – die SMART-Regel – haben Sie ja schon kennengelernt (s. S. 59). Sie lässt sich sehr einfach auf jede Aufgabe übertragen. Zur Verdeutlichung ein Beispiel für die Vorbereitung auf ein Mitarbeitergespräch.

Die Kundenbeschwerde

Ein Topkunde eines Markenschuhherstellers hat sich bei der Vertriebsleiterin Sonja über das Auftreten eines Mitarbeiters bitterböse beschwert und droht mit Vertragskündigung. Sonja führt heute ein Kritikgespräch mit dem Mitarbeiter. Mit SMART klärt sie vorher ihre Vorgehensweise:

S: Was genau ist das Ziel des Gesprächs? Was soll der Mitarbeiter am Ende des Gesprächs »mitnehmen«. Was soll er gelernt haben? Welches Verhalten soll er ändern?
M: Woran wird Sonja feststellen, dass der Mitarbeiter die Kritik verstanden hat? Wie wird sie sicherstellen, dass der Mitarbeiter sein Verhalten ändern wird? Woran und wann wird sie »nachmessen« bzw. kontrollieren?
A: Wie wirkt sich eine Verhaltensänderung des Mitarbeiters aus? Auf wen wirkt sie sich aus (Team, Arbeitsklima, Kunden)? Was passiert, wenn der Mitarbeiter sein Fehlverhalten nicht abstellt oder nicht abstellen will? Welche Konsequenzen wird das für den Mitarbeiter, die Abteilung, die Vertriebsleiterin haben? Ist Sonja bereit, die notwendigen Konsequenzen durchzusetzen?
R: Ist eine Verhaltensänderung des Mitarbeiters realistisch? Kann er sein Fehlverhalten abstellen? Hat er die notwendigen Ressourcen (Kenntnisse, Fähigkeiten)?
T: Wie lange soll das Gespräch dauern? In welchem Zeitraum soll der Mitarbeiter sein Fehlverhalten ändern? Wann wird die Vertriebsleiterin kontrollieren?

Mithilfe von SMART entscheidet Sonja vorher, wie sie das Gespräch lenken soll. Mögliche Widerstände werden ihr klar, und sie kann vorher entscheiden, ob und welche Konsequenzen sie ziehen kann und will. Und Sie kann realistisch einplanen, wie viel Zeit sie für das Gespräch brauchen wird.

Zeitplanung

Jetzt tragen Sie Ihre Aufgaben in Ihren (elektronischen) Terminkalender, Organizer oder ein anderes Zeitplaninstrument ein. Sehr oft kommt es vor, dass Führungskräfte ihren Terminplan dazu missbrauchen, möglichst viele Aufgaben in einen 16-Stunden-Tag zu pressen. Am Ende des Tages stellen sie fest, dass sie wieder mal höchstens ein Drittel ihrer Führungsaufgaben geschafft haben. Das ist kein Zeitmanagement, das ist Missmanagement, das ihnen ganz schnell als Führungsschwäche ausgelegt wird.

Planen Sie von vornherein die Länge der Zeit ein, wenn Sie Ihre Termine eintragen. Wenn Sie mit einem elektronischen Terminplaner, zum Beispiel Outlook, arbeiten, werden Sie dazu sowieso »gezwungen«. Ohne Angabe von Beginn und Ende des Termins lässt Sie das Programm gar nicht raus. Durch das Festlegen dieser Zeiten bekommen Sie sofort ein Gefühl dafür, ob Ihre Planung realistisch ist. Passt das, was Sie sich vorgenommen haben, wirklich in die von Ihnen anberaumte Zeit? Oder müssen Sie eine große Aufgabe in kleinere Teilaufgaben aufteilen? Wenn ja, tun Sie das – jetzt!

> **Tipp**
>
> Eine Arbeit dauert immer so lange, wie Sie ihr Zeit geben.

Stürzen Sie sich nicht in die Arbeit nach dem Motto: »Mal sehen, wie weit ich komme!« Untersuchungen von Zeitforschern haben bewiesen: Der Mensch braucht für eine Arbeit immer so viel Zeit, wie er ihr gibt. Warum? Weil sich unser Unterbewusstsein auf das »programmierte« Zeitziel so ausrichtet, dass wir konzentrierter an einer Aufgabe bleiben und Ablenkungen besser widerstehen können. Wenn Sie nicht planen, brauchen Sie unendlich lange. Wer hat als Führungskraft schon unendlich Zeit?

Pufferzeiten zum Luftholen

Sicher kennen Sie Meetings, bei denen jeder meint, noch schnell etwas ganz Wichtiges loswerden zu müssen, und Sie kommen wieder mal später raus als gedacht. Oder Sie hatten einen Vielredner am Telefon, der gar nicht zu stoppen war. Solche »Notfälle« können die schönste Planung schnell durcheinanderbringen, lassen sich aber nie restlos ausräumen. Auch den kleinen persönlichen Schnack mit dem Kollegen an der Kaffeemaschine verbannen Sie nicht aus Ihrem Alltag. Und wenn die vorher schon erwähnte weinende Mitarbeiterin sofortigen Trost braucht, dann braucht sie diesen eben jetzt und nicht erst später.

Ein einfacher Trick, hier nicht in Bedrängnis zu kommen: Hängen Sie Ihre Termine nicht engmaschig aneinander, sondern lassen (planen) Sie Zeit für Notfälle oder spontane (soziale) Aktionen. Planen Sie Leerzeiten zwischen den festen Terminen. Lassen Sie sogenannte Pufferzeiten, auch um selbst mal »Luft zu holen«.

Tipp

Planen Sie immer nur maximal 60 Prozent Ihrer Zeit fest. Lassen Sie 40 Prozent für Pufferzeiten.

Bei sehr vielen Führungskräften sieht der Tagesablauf so aus: Ein Anruf wird erledigt, dann wird der E-Mail-Posteingang gecheckt, dann muss schnell was kopiert werden. Dann fällt ihnen ein: Ich könnte eigentlich noch schnell einen Kunden anrufen … Ach ja, mit der Präsentation könnte ich auch noch schnell anfangen … Na ja, erst hole ich mir mal einen Kaffee … Frau Meier wollte ich auch noch fragen, ob sie …, und so weiter. Schon beim Lesen wird man ganz kirre. Spätestens mittags geraten sie in Stress, weil ihnen wieder mal die Zeit zwischen den Fingern zerronnen ist.

Tipp

Bündeln Sie Tätigkeiten.

Wirken Sie dem in Ihrer Planung entgegen. Bündeln Sie Aufgaben. Planen Sie Zeitblöcke ein, in denen Sie ähnliche Aufgaben abarbeiten, zum Beispiel erst die Telefonate, dann in einem Block das Checken des Posteingangs. Für das Lesen aktueller Infos richten Sie sich einen Zeitblock ein und arbeiten danach konzentriert an einer A-Aufgabe. Sie werden feststellen, dass Sie so wesentlich konzentrierter und effizienter arbeiten.

Die tägliche 5-Minuten-Power-Motivation

Wenn der Tag zu Ende ist, schließen Sie ihn bewusst ab. Nehmen Sie sich fünf Minuten Zeit – mehr braucht es nicht. Gehen Sie Ihre Tagesplanung durch. Konnten Sie alles erledigen? Wenn nicht, dann prüfen Sie, welchen der oben aufgeführten Tipps Sie in Zukunft mehr beherzigen wollen. Unerledigtes übertragen Sie auf den nächsten Tag/andere Tage. Neue Aufgaben von Ihrer inzwischen sicher wieder gefüllten To-do-Liste priorisieren Sie und planen Sie auf den nächsten Tag, die nächste Woche, den nächsten Monat.

Sie konnten alles erledigen? Dann genießen Sie stolz und zufrieden dieses gute Gefühl. Schließen Sie den Tag ab, machen Sie Ihren Terminkalender für heute zu, schalten Sie Ihren Job-Kopf ab und genießen Sie Ihren Feierabend.

Management der offenen Türen

Viele Führungskräfte vermitteln ihren Mitarbeitern: »Ich bin immer für euch da, ihr könnt jederzeit zu mir kommen.« Das ist gut gemeint, aber oft kontraproduktiv. Es wirft ihr Zeitmanagement durcheinander und kostet sie unnötige Zeit, Kraft und Energie.

Das soll nicht heißen, sich nicht mehr um die Probleme Ihrer Mitarbeiter zu kümmern. Nein, ganz im Gegenteil! Nur sollten Sie sich für Ihre Mitarbeiter Zeit nehmen. Die Zeit, die jeder Einzelne braucht und in der Sie ganz für ihn da sind. Mitarbeiterführung »mal eben so zwischendurch« funktioniert nicht.

Wenn Sie an Ihrem neuen Vertriebskonzept konzentriert arbeiten, dabei aber ständig unterbrochen werden, kostet Sie jeder neue Anlauf zusätzlich Zeit. Untersuchungen haben ergeben, dass Führungskräften durch Unterbrechungen täglich 30 Prozent ihrer Zeit verloren gehen.

Tipp

Richten Sie Sperrzeiten ein, in denen Sie nicht erreichbar sind.

Sorgen Sie für die Erledigung wichtiger Aufgaben dafür, dass Sie störungsfrei arbeiten können. Was kann man nicht alles erreichen, wenn man eine Stunde in Ruhe ungestört arbeiten kann. Planen Sie in Ihrer Terminplanung störungsfreie Zeiten ein. Jetzt können Sie die Aufgaben, die Ihre Konzentration erfordern, in Ruhe erledigen.

Schließen Sie Ihre Bürotür, leiten Sie Ihr Telefon zum Beispiel zu Ihrer Sekretärin um, schalten Sie den Anrufbeantworter ein, schließen Sie Ihr E-Mail-Programm. Sie werden feststellen, dass Sie in diesen Sperrzeiten extrem effektiv und effizient sind.

Damit das auch sicher klappt, ist Kommunikation nach außen sehr wichtig. Teilen Sie Ihrem Umfeld mit, dass Sie für einen begrenzten Zeitraum – zum Beispiel für die nächsten zwei Stunden – nicht erreichbar sind. Wenn Ihre Mitarbeiter informiert sind, werden sie Verständnis zeigen und Ihren Wunsch respektieren. Danach sind Sie ja wieder voll und ganz für alle da. Ihre Mitarbeiter fühlen sich nicht alleingelassen.

Nebenbei werden Sie eine sehr interessante Erfahrung machen: So manches Problem hat sich wie von allein aufgelöst. Führungskräfte, die ab und zu mal die Bürotür schließen, haben selbstständigere und motiviertere Mitarbeiter.

Mut zum Nein

Kaum etwas hilft so sehr, Zeit zu sparen wie die Verwendung des Wörtchens »Nein«. Nein sagen bedeutet dabei nicht, sich jeder Verpflichtung zu entziehen. Aber als Steuerungsinstrument, sich um die wichtigen Dinge zu kümmern und sich nicht von zu vielen »dringlichen« Anfragen anderer abhalten zu lassen, ist es unabdingbar. Vielen Führungskräften fällt es schwer, eine Bitte oder ein Anliegen abzulehnen. Die Ursachen dafür sind vielfältig, und oft wissen sie gar nicht, warum sie sich schon wieder etwas aufgehalst haben, was eigentlich nicht zu ihren Aufgaben gehört.

In unseren Coachings stellen wir fest, dass es meistens schon genügt, sich nur einmal bewusst zu machen, was einen am Nein-Sagen hindert. Befürchtungen stellen sich dabei als unrealistisch heraus, Fehleinschätzungen können revidiert werden. Hier einige Beispiele dafür, warum Vorgesetzte zu oft »Ja« sagen und »Nein« vermeiden.

Zwölf Ursachen, warum Führungskräfte »Nein« vermeiden

- Sie wollen die Kontrolle behalten.
- Sie fühlen sich beliebt und anerkannt, weil sie gefragt werden.
- Sie haben den Drang, unentbehrlich und wichtig zu sein.
- Sie trauen dem Mitarbeiter die Aufgabe nicht zu.
- Sie vermeiden Konflikte.
- Sie befürchten Folgen – das Urteil eines Vorgesetzten, den Zorn eines Kunden, die Kritik, den Widerspruch eines Mitarbeiters.
- Sie unterschätzen die notwendige Zeit für eine zugesagte Aufgabe.
- Sie sind entscheidungsschwach.
- Sie haben ein schlechtes oder gar kein Zeitmanagement.
- Sie können keine Prioritäten setzen.
- Sie haben eine Entschuldigung dafür, ihren »unangenehmeren« Führungsaufgaben nicht nachkommen zu können.
- Der Wunsch, anderen zu helfen, lässt bei ihnen – quasi automatisch – eigene Verpflichtungen in den Hintergrund rücken (»Helfersyndrom«).

Welche Ursache trifft bei Ihnen zu, »Nein« zu vermeiden? Gehen Sie die Liste durch und räumen Sie Ihre Nein-Verhinderer aus.

Bedenken Sie: Wenn Sie immer »Ja« sagen, entsteht schnell der Eindruck: »Der hat ja gar kein Rückgrat. Der kann sich nicht durchsetzen.« Eindrücke, die Sie sich als Führungskraft nicht leisten können.

Zeit gewinnen durch effizientes E-Mailing

Digitale Ablenkung im Arbeitsalltag ist teuer

Digitale Störungen führen an einem durchschnittlichen Büroarbeitsplatz laut einer Untersuchung des Verbands der deutschen Internetwirtschaft (www.eco.de) zu Konzentrations- und damit Produktivitätsverlusten, die sich auf jährlich 12 000 Euro beziffern lassen. Die permanente Ablenkung am Arbeitsplatz durch ständig neue E-Mails, Instant Messages, Facebook, Twitter & Co. kostet die Weltwirtschaft rund 500 Milliarden Euro pro Jahr.

Viele Konzerne haben die Gefahr bereits erkannt und steuern mit pragmatischen Regeln der Überinformation ihrer Mitarbeiter entgegen, beispielsweise mit Regeln wie »keine E-Mails nach Feierabend« oder dem Blockieren ihrer Server ab 18:00 Uhr. Mit dem Kampf gegen die digitale »Zivilisation« helfen die Unternehmen ihren Mitarbeitern, die Work-Life-Balance zu verbessern, und positionieren sich damit als attraktiver Arbeitgeber.

Auf seinem Jahreskongress 2013 in Köln hat der Verband der deutschen Internetwirtschaft eine erstaunliche Modellrechnung aufgestellt: Ein 75-Jähriger hat rund acht Monate seines Lebens allein mit dem Sichten und Löschen von E-Mails zugebracht. Sechs Lebensjahre hat er sich zumindest rechnerisch in sozialen Netzwerken wie Facebook aufgehalten. Zum Vergleich: 23 Jahre seines Lebens hat der 75-Jährige verschlafen, auf 14 Tage summieren sich die Küsse, die er den Menschen geschenkt hat, die er liebt.

E-Mails sind die Zeitfalle Nr. 1

E-Mails sind heutzutage aus dem Arbeitsalltag nicht mehr wegzudenken. Leider haben sie eine sehr unschöne Eigenschaft: Sie sind wie Unkraut im Garten. Sie beanspruchen immer mehr Raum, als wir ihnen eigentlich zugestehen möchten. E-Mails sind die Zeitfalle Nr. 1, in die viele Führungskräfte nur zu gern tappen. Aus Angst, etwas zu verpassen oder nicht ausreichend informiert zu sein, checken sie hundertmal am Tag ihre E-Mails oder lassen sie automatisch abrufen. In Zeitabständen von zehn Minuten oder öfter poppt ein Fensterchen – oft verbunden mit einem akustischen Signal – mit der Nachricht auf: »Sie haben Post.«

Und wir kennen niemanden, uns selbst eingeschlossen, der seiner Neugier widerstehen kann und nicht »mal eben« schaut, wer da was gesendet hat. Seien Sie ehrlich, Ihnen geht es auch nicht anders. Das ist verständlich, bremst aber Ihre Kreativität und Produktivität völlig aus. Erinnern Sie sich an die schon erwähnten 30 Prozent Zeitverlust durch Unterbrechungen.

Tipp

Schalten Sie die automatische E-Mail-Abholung aus.

Wenn E-Mails die Oberhand gewinnen

Wenn E-Mails die Oberhand gewinnen, führt das schnell dazu, dass Ihre Konzentrationsfähigkeit nachlässt. Sie werden fahrig, brauchen für Aufgaben immer länger, verlieren kostbare Zeit. Am Ende des Tages heißt es dann: »Ach, ich bin heute wieder zu nichts gekommen.« Überstunden oder die Mailbearbeitung zu Hause, wenn eigentlich die Familie und Freunde dran wären, sind programmiert.

Wenn E-Mails die Oberhand gewinnen, kann das folgende Gründe haben:

- E-Mails werden als Entschuldigung missbraucht, den eigentlichen Führungsaufgaben nicht nachkommen zu können. Sollte das bei Ihnen der Fall sein, prüfen Sie dringend, ob Sie den richtigen Job haben, oder buchen Sie schnellstens ein Coaching.
- Ihre Mitarbeiter und Kollegen sind von Ihnen bisher schnelle Reaktionen auf ihre Anfragen gewohnt. Dann probieren Sie die unten stehenden Regeln aus. Schauen Sie mal, was passiert. In den meisten Fällen merken die Absender gar nicht, dass eine Antwort erst später kommt.
- Ihr Chef erwartet sofortige Reaktionen auf seine E-Mails. Dann sprechen Sie mit ihm. Vereinbaren Sie mit ihm neue Regeln. Überzeugen Sie ihn davon, diese neuen Regeln – zum Beispiel drei Wochen lang – auszuprobieren und danach mit ihm neu zu verhandeln. Schließlich sollte er wichtigere Dinge zu tun haben, als Sie mit E-Mails zu bombardieren.

Lassen Sie sich nicht mehr von E-Mails Ihre Führung kaputt machen. Erhöhen Sie die Effizienz Ihres E-Mailings. Halten Sie sich an die folgenden Regeln und gewinnen Sie mehr Zeit für das Wesentliche, nämlich Ihre Führung.

Regeln für effizientes E-Mailing

- Planen Sie feste Zeiträume in Ihrer Tagesplanung ein, um nach neuer Post zu schauen. Ein bis drei fest eingeplante Zeitspannen (von zehn bis maximal 20 Minuten) sollten nicht überschritten werden.
- Stellen Sie die automatische Benachrichtigung aus.
- Planen Sie feste Zeiten ein, in denen Sie sich ausschließlich um die Bearbeitung Ihrer Mails kümmern.

- Richten Sie sinnvolle Ablagestrukturen innerhalb Ihrer E-Mail-Box/Ordner ein, die identisch sind mit Ihren anderen Ablagesystemen, zum Beispiel Wiedervorlage nach Terminen.
- Treffen Sie sofort die Entscheidung, ob E-Mails, die kein direktes Handeln von Ihnen erfordern, wirklich wichtig für Sie sind.
- Löschen Sie unwichtige E-Mails sofort!!!
- Überprüfen Sie, ob Sie wirklich in allen Verteilern stehen müssen.
- Stellen Sie CC-Regeln auf.
- Leiten Sie selbst E-Mails nur dann weiter, wenn es für andere wirklich notwendig und sinnvoll ist.

Oje, das schaffe ich nie

Sie bekommen gerade einen Schreck bei der Vorstellung, diese Regeln umzusetzen? Vor allem, weil sich Ihr bisheriges E-Mail-Verhalten schon so »eingeschliffen« hat? Unsere Erfahrung aus über 150 Zeitmanagement-Coachings zeigt, dass es nach einer kurzen Eingewöhnungsphase bei allen Führungskräften gut funktioniert hat.

Tipp

Setzen Sie sich bei Verhaltensänderungen immer einen kurzen, begrenzten Zeitraum, in dem Sie das neue Verhalten ausprobieren.

Probieren Sie die Regeln für einen kurzen, begrenzten Zeitraum, zum Beispiel drei bis fünf Tage, aus. Setzen Sie sich einen Endtermin in Ihrem Terminkalender. Halten Sie sich in dieser kurzen Zeit strikt an die Regeln. Fangen Sie jetzt nicht an, an den Regeln etwas zu verändern. Geben Sie sich Zeit, sich daran zu gewöhnen.

☑ Checkliste: Ende der Probezeit

Wenn die Probierzeit um ist, dann prüfen Sie:
☐ Passt das so zu mir und in meinen Kontext?
☐ Was muss ich verändern, damit es noch besser zu mir passt? Aber Achtung: Aus den ein- bis dreimal täglicher Posteingangssichtung jetzt zehn- bis 30-mal zu machen, ist nicht erlaubt!
☐ Was muss ich an andere kommunizieren (zum Beispiel Mitarbeiter, andere Abteilungen), damit es noch besser klappt?
☐ Können meine Mitarbeiter von mir etwas für ihr besseres Zeitmanagement lernen?

Das Kapitel auf einen Blick

- Schätzen Sie A-, B-, C-Prioritäten richtig ein.
- Entscheiden Sie, was Sie sofort und was Sie später erledigen.
- Entscheiden Sie, was Sie an wen delegieren und was direkt in Ablage »P« wandern kann.
- Setzen Sie für jede Aufgabe ein klares Ziel.
- Planen Sie störungsfreie Zeiten ein und schließen Sie Ihre Bürotür.
- Geben Sie sich Zeit zum »Luftholen«.
- Haben Sie häufiger Mut zum Nein.
- Erkennen Sie Ihre persönlichen Nein-Blockaden.
- Sparen Sie Zeit durch effektives E-Mailing.

Die Macht der Motivation

»Motivation ist was für Weicheier«

Viele frischgebackene Führungskräfte sind schon wenige Tage nach der Beförderung verärgert über ihre Mitarbeiter: »Die wissen doch, dass jetzt ich der Chef bin – warum tun die nicht, was ich sage?« Als wir einmal zaghaft einwandten, dass die Mitarbeiter dazu nicht ausreichend motiviert würden, erwiderte uns eine Führungskraft mit zwar unbewusster, aber wahrnehmbarer Tendenz zur Selbstüberschätzung: »Motivation ist was für Weicheier. Die Leute haben gefälligst zu tun, was ich sage. Dafür werden sie schließlich bezahlt!« Das ist zwar krass formuliert, doch viele Manager teilen diese Meinung. Vorgesetzte verwechseln Macht oft mit Motivation. Vorgesetzte haben Macht – doch Macht motiviert nicht! Die Folgen dieser Fehleinschätzung sind aktenkundig:

- Die Mitarbeiter vieler frisch Beförderter sind notorisch demotiviert.
- Oft sind sie bis zu Aggression und Sabotage hinein frustriert.
- Der Krankenstand ist hoch, die Jammerkultur meist überdurchschnittlich ausgeprägt.
- Die Leistung und die Produktivität sind niedrig.
- Es wird schlecht über den neuen Chef geredet.

Warum? Weil zwar alle Welt von Motivation spricht – doch niemand dem frisch Beförderten erklärt hat, wie man motiviert. Das wird vor allem in kleinen und mittleren Unternehmen als bekannt vorausgesetzt.

Tipp

Denken Sie daran: Macht allein reicht nicht! Macht ist kein Motivator!

Mit Ihrer Beförderung haben Sie eine gewisse Macht erhalten – doch ohne Motivationskompetenz steht diese Macht auf tönernen Füßen.

Die sechs kritischen Situationen der Motivation

Dass Macht zur Motivation nicht ausreicht, bemerken Führungskräfte vor allem in folgenden Situationen:

- **Zielmotivation:** »Wir brauchen fünf Prozent mehr Umsatz!« Die Mitarbeiter lachen: »Bei dieser Konjunktur?«
- **Engpassmotivation:** »Wir müssen mit weniger Budget und Personal mehr erreichen!« Das hören Mitarbeiter schon so lange, dass es keine Wirkung mehr hat.
- **Change-Management:** Reaktion der Mitarbeiter auf Veränderungsprojekte: »Das sitzen wir auch noch aus!«
- **Ganz normale Anweisungen:** »Herr Meier, machen Sie mal …« Herr Meier macht, aber halbherzig, passiv und mit beklagenswertem Resultat.
- **Vorherrschend latente Demotivation:** Macht kann sie nicht verhindern. Was denn?
- **Selbstmotivation:** Wie kann der Chef seine Mitarbeiter motivieren, wenn er selbst nicht motiviert ist?

Wenn Sie in diesen sechs kritischen Situationen motivieren können, werden Ihre Mitarbeiter für und nicht gegen Sie arbeiten. Dafür sorgen wir jetzt: für alle sechs Standardsituationen der Motivation.

Die Zielmotivation

Der Herbst ist eine harte Zeit für Führungskräfte: Die neuen Jahresziele werden von der Unternehmensführung vorgegeben. Gibt der Vorgesetzte sie an seine Mitarbeiter weiter, erlebt er meist den Pareto-Effekt: Etwa 20 Prozent der Mitarbeiter sagen »okay« zu den Zielen. Sie sind offenkundig motiviert. 80 Prozent der Mitarbeiter sind es jedoch nicht:

- Sie sind frustriert: »Jetzt spinnen die da oben völlig!«
- Sie sind demotiviert: »Wie sollen wir das denn machen?«
- Sie sind mutlos: »Das schaffen wir nie!«
- Sie sind innerlich emigriert: »Lass den Chef mal reden. Dieses überzogene Jahresziel geht mich sowieso nichts an.«

Das kann ja wohl nicht angehen, denkt sich da die neue Führungskraft und ergreift Gegenmaßnahmen.

- Sie bügelt Widerstände ab: »Das sind nun mal unsere Ziele. Also richten Sie sich danach!«
- Sie macht Mut: »Sie schaffen das. Ich habe vollstes Vertrauen in Sie!«
- Sie droht mit Konsequenzen: »Wer sein Ziel nicht erreicht, kriegt Probleme mit mir!«

Haben Sie das auch schon probiert? Mit nicht besonders ermutigenden Ergebnissen? Das liegt nicht an Ihnen. Es liegt an den untauglichen Motivationsinstrumenten. Warum untauglich?

Tipp

Untauglich ist jede »Motivation«, die die Gründe der Demotivation ignoriert.

Zu dieser Erkenntnis kommen viele Führungskräfte. Deshalb versuchen sie auch, die Gründe der Demotivation herauszufinden: »Warum finden Sie denn die neuen Ziele überzogen?« Das ist zwar gut gemeint, aber motiviert nicht wirklich. Denn auf diese Warum-Frage antwortet der Mitarbeiter meist mit einer langen Aufzählung von Gründen: Konjunktur, Mitbewerb, Preise … Dabei wird der Mitarbeiter nur noch demotivierter!

Tipp

Warum-Fragen führen in die Sackgasse! Die richtige Frage ist die Was-Frage: »Was brauchen Sie, um das Ziel doch zu erreichen?«

Warum-Fragen demotivieren, Was-Fragen motivieren. Mit der Was-Frage ziehen Sie den Mitarbeiter raus aus seiner Jammerspirale. Auch die Wie-Frage schafft das: »Wie können Sie das Ziel trotzdem erreichen?«

Finden Sie vor allem *gemeinsam* Wege, wie es gehen könnte. Unterstützung motiviert. Fühlt der Mitarbeiter sich mit ein paar flotten Sprüchen (»Sie schaffen das! Ich habe vollstes Vertrauen!«) alleingelassen, ist er dagegen demotiviert. Das ist überraschend? Sie dachten vielleicht, dass man Mitarbeiter mit Geld, Boni, Prämien, Incentives, Wettbewerben und Geschenken motiviert? Ein verbreiteter Irrtum. Natürlich motiviert eine Prämie manchmal und kurzfristig. Doch die nichtmonetären Motivatoren motivieren in der Regel besser, billiger und vor allem langfristiger!

Tipp

Lassen Sie den Mitarbeiter alle Ideen auflisten, wie er sein Ziel doch noch erreichen könnte.

Wichtig: Geben Sie ihm diese Ideen nicht vor! Vorgaben treiben Mitarbeiter häufig in die Demotivation, Unselbstständigkeit und Verantwortungslosigkeit – denn sie fühlen sich dadurch bevormundet! Helfen Sie dem Mitarbeiter stattdessen dabei, eigene Ideen zu entwickeln. Visualisieren Sie diese Ideen unbedingt. Denn nur, was der Mitarbeiter schwarz auf weiß anschauen kann, motiviert ihn auch. Sobald der Mitarbeiter die Lösungen *sieht*, glaubt er auch, dass er es schaffen kann – das ist Motivation! Deshalb heißt das amerikanische Sprichwort auch »Seeing ist believing«. Wer als Chef gewohnt ist, anzuweisen, muss sich diesen coachenden Führungsstil erst einmal angewöhnen. Doch es zahlt sich aus: Der Erfolg belohnt Sie. Mehr Tipps zu Coaching-Techniken finden Sie im Kapitel »Die Führungskraft als Coach« (s. S. 164).

Tipp

Reden Sie mit dem Mitarbeiter darüber, wie er seine Ideen zur Zielerreichung umsetzen kann.

Was braucht er dafür? Eine Schulung? Ein Coaching, ein Werbemittelbudget, besondere Maßnahmen, Ressourcen, Know-how …?

Wenn dem Mitarbeiter spontan keine Lösungen für sein Zielproblem einfallen, geben Sie ihm zwei Tage Zeit, sich welche auszudenken. Wenn danach immer noch nichts kommt, ist die Grenze der Motivation erreicht: Reden Sie mit dem Mitarbeiter. Er hat ein grundlegendes Problem, das erst gelöst werden muss.

Die Engpassmotivation

Oft müssen Vorgesetzte mit immer weniger Personal, Budget und Ressourcen immer mehr leisten und erreichen. Sobald Sie eine erneute Kostenkürzung oder Entlassungsmaßnahme ankündigen, werden Mitarbeiter sich beschweren:

- »Nicht noch mehr Einsparungen! Wir kommen jetzt schon auf dem Zahnfleisch daher!«
- »Wenn das so weitergeht, werde ich einfach krank.«
- »Tut mir leid, bei uns hier ist die Grenze erreicht.«
- »Wir machen da nicht mit! Denn wenn die da oben merken, dass drei Leute die Arbeit von fünf schaffen, sind wir im nächsten Jahr nur noch zwei!«
- »Die da oben hören erst auf, wenn wir zusammenbrechen!«

Wenn Ihnen solche Reden entgegenschallen, könnten Sie versucht sein, spontan zu reagieren:

- »Machen Sie keine Panik! Wir haben das doch jedes Mal irgendwie geschafft!«
- »Meinen Sie, woanders ist es besser?«
- »Vor der Tür stehen genügend Bewerber, die gerne Ihren Job hätten!«
- »Wenn's Ihnen nicht passt, suchen Sie sich doch was Besseres!«

Funktionieren solche Motivationskeulen? Nur vordergründig. Der Mitarbeiter hält danach zwar den Mund, doch: Schweigen bedeutet nicht Motivation, sondern Frustration!

Motivationskeulen führen eher noch tiefer in die Demotivation. Der betroffene Mitarbeiter sagt zwar nichts mehr, doch im Verborgenen ist er gekränkt, macht Dienst nach Vorschrift und wartet auf die Gelegenheit, es dem Chef heimzuzahlen – und diese Gelegenheit kommt bestimmt! Motivationskeulen lähmen außerdem, da sich der Mitarbeiter danach unter Druck gesetzt fühlt. Er denkt: »Ich könnte meinen Job verlieren!« Und diese Angst blockiert ihn. Oder er reagiert mit Trotz. Das blockiert ebenfalls.

Gehen Sie anders vor. Sie benötigen dazu nur zwei Schritte:

- **Gehen Sie auf die Sorgen der demotivierten Mitarbeiter ein, zeigen Sie Verständnis:** Das heißt nicht, dass Sie ihnen recht geben sollen. Verständnis zeigen ist etwas anderes als recht geben. Verständnis löst positive Gefühle aus: »Der Chef hört mir zu. Ihm sind unsere Sorgen nicht egal! Er behandelt uns fair!« Wer den Mitarbeiter in und mit seinen Sorgen akzeptiert, motiviert ihn.
- **Überprüfen Sie die Prioritäten:** Viele Mitarbeiter glauben, die erneute Ressourcenkürzung nicht verkraften zu können, weil sie »noch so viel anderes zu tun haben«! Der Grund: Die Mitarbeiter setzen die Prioritäten falsch. Sie geben zum Beispiel einer Aufgabe Top-Priorität, weil sie annehmen, dass sie (dem Chef) immens wichtig sei. Doch dem Chef ist etwas anderes viel wichtiger. Klären Sie daher unbedingt die Prioritäten: »Angesichts der erneuten Kostenkürzung setzen wir die Prioritäten neu: Am allerwichtigsten ist ab sofort … dann kommt … und dann erst …« Durch eine neue Priorisierung fallen automatisch etliche Aufgaben weg oder werden nachrangig. Die Mitarbeiter werden entlastet und können nun die Ressourcenkürzung verkraften. Die richtigen Prioritäten motivieren.

Change-Management: Für Veränderungen motivieren

Sobald Sie eine neue Software, Organisationsform oder Technik, ein neues Formular oder Verfahren einführen, sobald Sie restrukturieren oder reorganisieren wollen, werden viele Mitarbeiter es zunächst nicht einsehen, dass die Neuerung absolut notwendig, innovativ und nützlich ist. Sie werden entweder das Veränderungsprojekt passiv aussitzen oder aktiv bekämpfen: »Muss das jetzt sein? Wir haben auch noch anderes zu tun!« Führungskräfte reagieren dann oft völlig falsch:

- **Manche reagieren zunächst überhaupt nicht:** Sie bemerken die Widerstände nicht, sie wundern sich lediglich, dass das Veränderungsprojekt so langsam vorankommt.
- **Andere reagieren brüskiert:** »Wir müssen restrukturieren, um überleben zu können, und meine eigenen Mitarbeiter sabotieren mich dabei!«

- **Manche fühlen sich persönlich getroffen:** »Das machen die nur, weil sie mich als neuen Chef torpedieren wollen!«

Daraufhin versucht der neue Chef, seine Mitarbeiter von der Notwendigkeit des Wandels zu überzeugen, ihnen gut zuzureden, oder er macht einfach mehr Druck. Haben Sie das auch schon probiert? Hat es wenig genutzt? Das ist nicht verwunderlich, denn Überzeugen, Überreden und Druck sind Symptomtherapien. Sie verfehlen die eigentlichen Ursachen der Demotivation. Packen Sie die Demotivation an ihren Wurzeln. Sie benötigen dafür fünf Schritte:

- **Gehen Sie auf die Widerstände gegen den Wandel ein:** »Ja, das ist wirklich eine Umstellung für uns.« Wer akzeptiert, motiviert.
- **Erklären Sie das Warum und Wozu:** Die meisten Widerstände gegen Change-Projekte entstehen nicht aus bösem Willen der Mitarbeiter, sondern aus mangelnder Information! Sie wissen einfach nicht, wozu das Ganze gemacht werden soll. Weil vor allem neue Chefs fahrlässig voraussetzen: »Die wissen schon, worum es geht. Das ist doch klar!« Nein. Es ist dem Manager klar. Nicht dem Mitarbeiter.
- **Erklären Sie vor allem das Wozu:** Was soll mit dem Veränderungsprojekt erreicht werden? Was hat das Unternehmen davon? Was die Abteilung? Und vor allem: Was hat der einzelne Mitarbeiter davon? Welchen Nutzen bringt es ihm? Wird seine Arbeit dadurch leichter, produktiver, bequemer, einfacher, ruhiger, ungestörter? Bekommt er mehr Geld, mehr Prestige, mehr Verantwortung, eine Beförderung?
- Warum sollte ein Mitarbeiter ein Veränderungsprojekt unterstützen, das viel Mühe kostet, ihm aber nichts bringt? Nur weil es dem Unternehmen nutzt? Seien wir ehrlich: Sie würden das doch auch nicht tun! Der Mensch ist ein Nutzentier: Er tut nur, was ihm nutzt. »Was bringt mir das?« Erst wenn Sie jedem Mitarbeiter diese ungestellte Frage beantwortet haben, ist auch jeder Mitarbeiter motiviert für den Wandel.
- **Eliminieren Sie demotivierende Vorgaben:** Zum Beispiel sind die Terminvorgaben für Veränderungsprojekte oft zu knapp. Deshalb reagieren Mitarbeiter demotiviert: Weil es in der gegebenen Zeit nicht zu schaffen ist. Stellen Sie sich vor Ihre Mitarbeiter und sagen Sie Ihrem Vorgesetzten auch einmal Nein (s. S. 20, »Nein sagen fällt schwer«). Verhandeln Sie mit ihm realistische Zielvereinbarungen.

- **Lügen Sie Ihre Mitarbeiter nicht an, falls Ihr Vorgesetzter uneinsichtig bleibt:** Lügen demotivieren, weil sie immer irgendwann ans Tageslicht kommen. Schenken Sie reinen Wein ein: »Ich habe mit dem Vorstand verhandelt, doch der Vorstand will das Veränderungsziel unbedingt in zwölf Monaten erreichen. Es geht daher jetzt nicht mehr darum, *ob* wir es schaffen, sondern *wie* wir es schaffen.«
- **Lenken Sie die Aufmerksamkeit der Mitarbeiter weg vom Problem und hin zu möglichen Lösungen:** »Ich bitte um Vorschläge: Wie können wir es schaffen? Was brauchen Sie dazu?« Halten Sie diese Ressourcenwünsche schriftlich fest und formen Sie daraus Projekte, die Sie per Projektmanagement betreuen (lassen). Das zeigt den Mitarbeitern, dass das Ziel erreichbar ist – und das motiviert!

Sie sehen: Erfolgreiches Change-Management ist nicht schwer. Wer für den Wandel motivieren kann, schafft den Wandel auch.

Motivation im Führungsalltag

Führungskräfte klagen oft: »Ich muss meinen Mitarbeitern etwas erst hundertmal sagen, bevor es gemacht wird. Und wird es schließlich gemacht, dann selten so, wie ich mir das vorstelle!« Für Führungskräfte ist das eine ernüchternde Erfahrung. Das haben sie nicht erwartet. Entsprechend fällt die spontane Reaktion aus:

- Viele Manager wiederholen einfach die Anweisung: (»Ich muss alles hundertmal sagen!«).
- Sie reagieren genervt: »Was soll das?«
- Sie unterstellen: »Ist der Mitarbeiter zu blöd dafür?«
- Sie vermuten Übles: »Will der mich auflaufen lassen?«
- Sie zweifeln an sich: »Warum tun die das? Was mache ich falsch?«
- Sie erhöhen den Druck.

Hilft das? Nicht wirklich. Warum nicht? Weil keine dieser Spontanreaktionen motiviert. Sie motivieren nicht, weil sie die Demotivationsursachen außer Acht lassen. Daher: Prüfen Sie bei Demotivation nach Anweisungen immer erst die möglichen Ursachen.

Die erste Ursache, die Sie prüfen sollten, ist Verständnis. Ist der Mitarbeiter nur deshalb demotiviert, weil er nicht verstanden hat, was Sie von ihm wollen? Dies ist die häufigste Ursache, denn Manager sprechen meist eine andere Sprache als ihre Mitarbeiter: »Wir müssen die Wertschöpfung steigern!« »Der ROI muss hoch!« Haben Sie das verstanden? Natürlich, Sie sind Manager – doch die meisten Mitarbeiter verstehen das nicht. Erklären Sie einem Mitarbeiter so lange in seinem eigenen Sprachgebrauch, was Sie von ihm erwarten, bis Sie seiner Körpersprache entnehmen, dass er es verstanden hat. Die entscheidenden Worte sind: »in seinem eigenen Sprachgebrauch«. Unverständliche Sprache demotiviert. Wer verständlich redet, motiviert. Klarheit ist Motivation.

Tipp

Übersetzen Sie das, was Sie sagen wollen, in die Sprache des Mitarbeiters.

Was machen Sie, wenn Sie deutlich erkennen können, dass der Mitarbeiter zwar verstanden hat, was Sie von ihm wollen, er es aber trotzdem nicht oder nur unmotiviert ausführt? Bevor Sie voreilige Schlüsse ziehen: Ob ein Mitarbeiter eine Anweisung verstanden hat oder nicht, entscheidet sich allein daran, ob er die Anweisung in eigenen Worten wiederholen und erklären kann. Kann er das und macht er es trotzdem nicht oder unmotiviert, fassen Sie die zweite Demotivationsursache ins Auge: Der Mitarbeiter will einfach nicht. Warum nicht? Finden Sie das heraus! Auch dieses Herausfinden ist Motivation.

Wie finden Sie es heraus? Ganz einfach, indem Sie ihn fragen: »Herr Müller, ich habe das Gefühl, dass die Aufgabe, die Sie gerade bearbeiten, nicht hinhaut. Woran liegt es denn?« Auf eine so konkrete Frage wird der Mitarbeiter konkret antworten:

- »Ich bin bis oben zu mit anderen Aufgaben!«
- »Ich habe gerade keine Zeit.«
- »Anderes ist momentan wichtiger.«
- »Wozu brauchen wir das denn ausgerechnet jetzt?«

Das sind ganz konkrete Einwände gegen Ihre Anweisung. Dafür gibt es die Einwandbehandlung, die Sie vielleicht aus einem Führungs- oder Verkaufstraining kennen. Ein Verkäufer macht zum Beispiel keinen Abschluss, wenn er die Einwände seiner Kunden nicht behandeln kann.

Wie behandeln unerfahrene Führungskräfte Einwände? Indem sie sie abbügeln: »Das muss trotzdem gemacht werden.« – »Das ist Arbeitsverweigerung!« – »Wollen Sie Ihren Arbeitsplatz gefährden?« Das alles sind Motivationskeulen. Eine Führungskraft kann nicht motivieren, wenn sie Einwände nicht behandeln kann.

> **Tipp**
>
> Gehen Sie auf Einwände ein und lösen Sie diese im Gespräch auf.

Sagt der Mitarbeiter, dass er zurzeit überlastet sei, gehen Sie darauf ein: »Gut, lassen Sie uns über Ihre Prioritäten reden.« Dann sortieren Sie gemeinsam die Prioritäten neu und verschaffen ihm dadurch mehr Zeit – diese Unterstützung motiviert ihn stärker als jedes Incentive! Es kann auch sein, dass der Mitarbeiter sich von der Aufgabe einfach überfordert fühlt. Auch das bekommen Sie durch geduldiges Nachfragen heraus. Dann klären Sie ab, was der Mitarbeiter braucht, um sich nicht länger überfordert zu fühlen (Know-how, Schulung, andere Ressourcen), und verschaffen Sie ihm die nötigen Voraussetzungen, soweit Ihnen das möglich ist. Falls das nicht möglich ist oder nichts bringt, delegieren Sie die Aufgabe an einen Mitarbeiter, der davon nicht überfordert ist.

Hat der Mitarbeiter »keine Zeit für so was!«, dann priorisieren Sie ebenfalls gemeinsam neu und gehen seine Aufgaben auf mögliche Delegationen durch. Dieses Führungsverhalten motiviert zweifach: erstens, weil der Mitarbeiter mehr Zeit bekommt, und zweitens, weil er erlebt, wie Sie sich um ihn kümmern.

Wendet der Mitarbeiter ein: »Wozu das denn jetzt?«, sieht er in Ihrer Anweisung offensichtlich keinen Nutzen – für sich! Also zeigen Sie ihm den Nutzen für das Unternehmen, die Abteilung, für Sie und vor allem für ihn auf und erklären ihm diesen Nutzen in seinem eigenen Sprachgebrauch. Wer Nutzen bietet, motiviert.

Wenn der Mitarbeiter demotiviert ist, weil er ein Problem mit Ihnen persönlich hat, wird er das nicht offen sagen. Er wird es Ihnen jedoch indirekt sagen, indem er herumdruckst, verlegen in die Gegend schaut, Andeutungen macht oder frech wird und patzige Antworten gibt. Zeigt er eines dieser Symptome, sollten Sie die Angelegenheit in wenigen Minuten in einem klärenden Gespräch aus der Welt schaffen. Führt das Gespräch zu nichts, versuchen Sie auf keinen Fall zu erreichen, dass dieser Mitarbeiter Sie doch noch irgendwie »okay« findet – dieser Versuchung erliegen viele Führungskräfte. Sie führt zu nichts. Können Sie die Vorbehalte des Mitarbeiters gegen Ihre Person nicht ausräumen, ist die Grenze der Motivation erreicht, und Sie sollten gemeinsam überlegen, ob eine Versetzung des Mitarbeiters sinnvoll ist. Denn mit einem Mitarbeiter, der Vorbehalte gegen Ihre Person hat, können Sie auf Dauer nicht zusammenarbeiten. Gerade unerfahrene Führungskräfte quälen sich mit solchen Mitarbeitern länger herum, als sinnvoll und nötig ist.

Latente Demotivation beseitigen

Führungskräfte klagen in den ersten hundert Tagen oft über

- die Jammerkultur der Mitarbeiter;
- zu hohe Fehlzeiten;
- geringe Produktivität der Mitarbeiter;
- gedrückte Stimmung unter den Mitarbeitern;
- stark gebremstes Engagement der Mitarbeiter;
- kaum offene, echte Kommunikation.

Diese häufig anzutreffenden Symptome einer umfassenden, latenten Demotivation sind Produktivitäts- und Spaßkiller. Wie reagieren viele frischgebackene Führungskräfte darauf?

- Sie versuchen, der Jammerei mit der Warum-Frage auf den Grund zu gehen, dabei bekommen sie eine Lawine scheinlogischer Gründen zu hören (»Die Preise! Die Konjunktur! Das Management!«), und danach können sie nur noch mitjammern, weil sie ebenfalls keinen Ausweg mehr sehen.
- Sie spielen das »Ja-aber-Spiel« mit: Auf jeden Vorschlag der Führungskraft, wie die Mitarbeiter aus dem Jammertal herauskommen können, antworten diese: »Ja, stimmt schon, aber … (das bringt doch nichts, funktioniert bei uns nicht, haben wir alles schon probiert …).«

Warum funktionieren diese üblichen Abhilfen nicht? Weil sie die Ursachen der latenten Demotivation nicht erreichen. Die Ursachen können sein:

- Engpässe in der Organisation, in den Rahmen- und Arbeitsbedingungen, Prozessen und Verfahren, die die Mitarbeiter aufhalten und dadurch demotivieren;
- der Vorgesetzte selbst;
- Geschäftsführung, Topmanagement.

Hören Sie den Menschen zu, wenn sie jammern. Was sagen sie? Wenn sie sich über die Arbeitsbedingungen beklagen (»Immer diese verdammten Berichte!«), dann

- tun Sie, was Sie können, um die Engpässe zu beseitigen oder abzumildern. Wer Engpässe abstellt, der motiviert!
- sprechen Sie wenigstens über das, was Sie nicht abstellen oder mildern können/wollen. Erklären Sie es.

Denn ihre demotivierende Wirkung entfalten organisatorische Engpässe nur, wenn sie nicht erklärt und nicht verstanden werden. Was man versteht, findet man nicht unbedingt toll – aber es demotiviert wenigstens nicht so sehr. Und wie immer: in den Worten des Mitarbeiters erklären!

Falls Sie selbst Anlass der latenten Demotivation unter den Mitarbeitern sind, bekommen Sie das immer irgendwie zugetragen. Ändern Sie auf dieses indirekte oder direkte Feedback hin das, was Sie ändern können und wollen. Was Sie nicht ändern können oder wollen, erklären Sie bei Gelegenheit zumindest so, dass es nicht weiter wie bisher demotiviert. Denn Sie müssen keinesfalls alles machen, was die Mitarbeiter von Ihnen wünschen. Mancher Mitarbeiter wünscht sich nämlich die eierlegende Wollmilchsau … Als Vorgesetzter muss man sich auch gesund und beziehungsfreundlich abgrenzen, mit einem höflichen Lächeln und einer plausiblen Erklärung Nein sagen können.

Eigentlich haben sie ja recht …

Susannes Mitarbeiter erzählen ihr immer wieder, wie unfähig das »Topmanagement« ist. »Die haben überhaupt keine Ahnung in ihrem Elfenbeinturm, wie es uns hier an der Basis wirklich geht. Immer wieder treffen die Entscheidungen, die keinen Sinn machen.« Susanne ist erst seit drei Monaten Abteilungsleiterin und durchblickt selbst noch nicht die genauen Hintergründe, und da sie ihre Mitarbeiter ja nicht verärgern will, stimmt sie ihnen oft zu.

Wenn Mitarbeiter ständig über das Topmanagement schimpfen, versuchen viele Führungskräfte, die Topmanager entweder in Schutz zu nehmen oder mitzuschimpfen. Beides funktioniert nicht als Motivationshilfe. Was dagegen motiviert, ist die Erklärung: Warum tut das Topmanagement, was es tut? Wozu? Der normale Mitarbeiter sieht das Unternehmen eben von unten, der Topmanager von oben. Sobald Sie diese ungewohnte Perspektive Ihren Mitarbeitern nahebringen, verstehen sie, warum das Topmanagement so handeln muss. Und Verständnis motiviert. Machen Sie vor allem klar, dass das Topmanagement nicht nur für Ihre Mitarbeiter, sondern noch für viele andere Bereiche, Abteilungen und Mitarbeiter verantwortlich ist. Das vergessen Mitarbeiter oft.

Selbstmotivation

»Wie soll ich meine Mitarbeiter motivieren, wenn ich selbst nicht motiviert bin?«, fragen sich viele Führungskräfte. »Ich soll meine Mitarbeiter motivieren – aber wer motiviert mich?« Natürlich Sie selbst! Wer sollte es sonst für Sie tun? Ihr Vorgesetzter? Es wäre schön, wenn Ihr Chef das tun würde, doch das ist nicht die Regel. Deshalb sollten Sie es auch nicht erwarten. Sie sind Führungskraft. Selbstmotivation sollte eigentlich selbstverständlich sein. Wie motivieren Sie sich selbst?

☑ Checkliste: Selbstmotivation

- ☐ Finden Sie heraus, was genau Ihnen an Ihrer Arbeit Spaß macht. Ist es das Innovative, Kreative? Der Umgang mit Menschen? In Ruhe eine Aufgabe zu erledigen? Die Tüftelei an Produkten und Konzepten … ? Was ist es bei Ihnen?

- ☐ Listen Sie die gefundenen Punkte auf: Das sind Ihre Arbeitsmotive, Ihre Motivatoren!
- ☐ Bringen Sie diese Motivatoren in bislang demotivierende Aufgaben hinein. Bringen Sie zum Beispiel ein kreatives Element in langweilige Routinetätigkeiten, wenn Kreativität Ihr Motiv ist. Oder bringen Sie systematische Struktur in frustrierende Konzeptionsarbeit, wenn System und Struktur Ihre Motivatoren sind.
- ☐ Gestalten Sie sich auf diese Weise jede Aufgabe so um, dass sie maximal Spaß und Freude macht. Das ist nicht nur erlaubt, das wird von Ihnen erwartet!
- ☐ Achten Sie auf Ihren Biorhythmus. Wenn Sie wissen, dass Sie ein 15-Uhr-Loch haben, legen Sie unangenehme Aufgaben nicht auf 15 Uhr! Das demotiviert Sie noch mehr!
- ☐ Wenn Sie partout nicht motiviert, was Sie gerade tun (müssen), stellen Sie sich selbst eine schöne Belohnung in Aussicht, wenn die ungeliebte Aufgabe erledigt ist: Was würde Sie als Belohnung motivieren? Der Ausblick auf den Genuss des fertigen Ergebnisses? Ein Plausch mit den Kollegen?
- ☐ Je gestresster Sie sind, desto leichter und schneller werden Sie demotiviert. Eignen Sie sich per Lektüre oder Training einige Techniken zum Stressmanagement an.

Die schlimmsten Demotivatoren im Management sind Angst und Unsicherheit:

- Angst vor Versagen: »Was passiert, wenn das von mir so sehr gepushte Projekt floppt?«
- Angst vor Fehlentscheidungen: »Was geschieht, wenn meine Entscheidung zu voreilig war?«
- Angst vor dem Karriereknick
- Angst vor der Konkurrenz aus den eigenen Reihen, den Kronprinzen, dem Stühlesägen
- Angst vor Verlust von Status, Macht, Image, Geld
- Angst davor, den stetig steigenden Anforderungen nicht mehr gerecht zu werden
- Angst vor der Angst, schlaflosen Nächten und Blockaden

Angst demotiviert. Wie überwinden Sie die Angst und motivieren sich neu?

☑ Checkliste: Angstbewältigung

- ☐ Unsicherheit ist kein Zeichen von Schwäche. Jeder gute Manager fühlt sich auch mal unsicher. Sobald Sie das erkennen, können Sie damit umgehen.
- ☐ Je stärker Sie Angst verdrängen, desto stärker wird sie.
- ☐ Schauen Sie Ihrer Angst ins Auge: Was genau macht Ihnen Angst? Schreiben Sie es in einem Satz auf. Sobald Sie es schwarz auf weiß sehen, sinkt die Angst beträchtlich.
- ☐ Was genau sind die Anforderungen in der ängstigenden Situation? Welche Anforderungen erfüllen Sie bereits? Jede erfüllte Anforderung senkt die Unsicherheit weiter.
- ☐ Welche Voraussetzungen zur Erfüllung der Anforderungen fehlen Ihnen noch? Woher bekommen Sie die benötigten Fähigkeiten, die Unterstützung oder das Know-how?

Am Ende der Checkliste geht die Unsicherheit gegen null, weil Sie erkannt haben, dass Sie es schaffen können. Das motiviert, und jetzt schauen wir uns an, was Mitarbeiter motiviert.

☑ Checkliste: Was Mitarbeiter wirklich motiviert

Vergessen Sie Incentives, Prämien, Appelle und Einpeitschreden. Das alles motiviert lediglich mit Strohfeuereffekt. Richtige, gute, wirksame Motivation ist ganz einfach:

- ☐ Wer die Sorgen, Zweifel und Ängste der Mitarbeiter ernst nimmt, motiviert.
- ☐ Wer Mitarbeiter dabei unterstützt, Lösungen für ihre Probleme zu finden, motiviert.
- ☐ Wer Mitarbeitern keine Lösungen vorschlägt, sondern ihnen dabei hilft, selbst draufzukommen, motiviert.
- ☐ Wer vorgibt, was zu tun ist, das »Wie« aber den Mitarbeitern überlässt, motiviert.
- ☐ Wer Prioritäten setzt, motiviert.
- ☐ Wer informiert, motiviert.
- ☐ Wer dem Mitarbeiter die ungestellte Frage »Und was bringt mir das?« beantwortet, motiviert.

- ☐ Wer in verständlichen Worten erklärt, motiviert.
- ☐ Wer den Blick weg von den Hindernissen hin zu den Lösungen lenkt, motiviert.
- ☐ Wer Einwände nicht abtut, sondern behandelt, motiviert.
- ☐ Wer Engpässe beseitigt oder mildert, motiviert.
- ☐ Wer Arbeitsbedingungen verbessert, motiviert.
- ☐ Wer seine eigenen Aufgaben motivierend umgestaltet, motiviert.

Nicht jeder Mitarbeiter lässt sich auf die gleiche Art und Weise motivieren. Finden Sie die individuellen Motivatoren Ihrer Mitarbeiter heraus und nutzen Sie diese. Ein Mitarbeiter, der persönlich motiviert ist, wird immer mehr Leistung bringen als ein Mitarbeiter, der nur gut bezahlt wird.

Das Kapitel auf einen Blick

- Nur motivierte Mitarbeiter tun wirklich das, was Sie von ihnen erwarten.
- Macht alleine reicht nicht aus zur Motivation von Mitarbeitern.
- Motivieren Sie für Arbeitsziele, indem Sie fragen: »Was brauchen Sie, um das Ziel zu erreichen?«
- Motivieren Sie zur Überwindung von Engpässen, indem Sie die Klagen der Mitarbeiter ernst nehmen und mit ihnen zusammen neue Prioritäten setzen.
- Motivieren Sie für Veränderungsprojekte, indem Sie deren Zweck und Nutzen in den Worten der Mitarbeiter erklären, Hemmnisse des Wandels beseitigen und den Blick weg von Hindernissen und hin auf Lösungen lenken.
- Motivieren Sie im Führungsalltag, indem Sie Einwandsbehandlung betreiben.
- Befreien Sie Ihre Mitarbeiter aus der Jammerkultur, indem Sie organisatorische Engpässe beseitigen oder zumindest so erklären, dass Ihre Mitarbeiter sie verstehen.
- Motivieren Sie sich selbst, indem Sie Ihre Aufgaben so umorganisieren, dass sie maximale Motivationsanteile enthalten.

Mehr Problemlösungskompetenz ist gefragt!

Sie sind nicht für jedes Problem verantwortlich!

»Meine Tür ist immer offen. Meine Leute können mit jedem Problem zu mir kommen!«, verkünden erstaunlich viele, die kürzlich zum Vorgesetzten befördert wurden. Dahinter steht der oft unbewusste Gedanke: »Ich bin jetzt Chef, also kann ich alles, verstehe alles und löse jedes Problem!« Eine noble Absicht. Doch die Idee, dass man nun plötzlich jedes Problem lösen könne, nur weil man eben befördert wurde, ist eine grobe Fehleinschätzung. Wenn es so einfach wäre, Probleme zu lösen, müsste man lediglich jemanden befördern!

Niemand kann alle Problem lösen. Mehr noch: Niemand verlangt das von Ihnen, auch wenn viele neue Chefs das wie selbstverständlich annehmen! Das Ganze ist ein grandioser Irrtum. Was passiert, wenn man als neuer Chef auf diesen Irrtum hereinfällt und sich für jedes Problem verantwortlich fühlt? Die Mitarbeiter nehmen die Einladung dankend an und laden ihre Probleme prompt beim Vorgesetzten ab. Jetzt entlarvt sich die Selbstüberschätzung als solche: Der neue Vorgesetzte steht angesichts der Problemlawine völlig überfordert da oder ist schlicht genervt davon, mit welchen Bagatellen er belästigt wird. Außerdem stellt er erschreckt fest, dass er die Konflikte, die seine Mitarbeiter in sein Büro tragen, oftmals nicht lösen kann! Er hat seine Problem- und Konfliktkompetenz schlicht überschätzt.

Am schlimmsten ist: Je mehr der neue Chef sich um die Probleme seiner Mitarbeiter kümmert, desto mehr Probleme laden diese bei ihm ab! »Ich habe manchmal das Gefühl, ich bin im Kindergarten«, sagt ein 39-jähriger Ingenieur, der vor Kurzem zum Abteilungsleiter befördert wurde. Warum Kindergarten? Weil seine Mitarbeiter umso mehr Probleme bei ihm abladen, je mehr Probleme er für sie löst. Denn wer einen Chef hat, der ihm die Probleme abnimmt, nutzt das natürlich weidlich aus! So erzieht man seine Mitarbeiter zur Unselbstständigkeit und sabotiert sich dabei selbst. Denn wer ständig die Probleme seiner Mitarbeiter löst, kommt nicht mehr zu seiner eigentlichen Arbeit, hat Dauerstress und bald Konflikte mit dem eigenen Vorgesetzten – denn dieser bemerkt recht schnell, dass die eigentliche Arbeit des neuen Chefs liegen bleibt! Auch deshalb sind viele neue Führungskräfte chronisch überlastet. Nicht, weil sie so viel zu tun hätten, sondern weil sie sich um Dinge kümmern, die sie nichts angehen, und ihre Mitarbeiter dazu erziehen, jedes noch so kleine Problem bei ihnen abzuladen.

Tipp

Versäumen Sie nicht Ihre eigentliche Arbeit, indem Sie sich für jedes Problem verantwortlich fühlen.

Besonders bemerkenswert ist, dass sich viele Führungskräfte für jedes Problem verantwortlich fühlen, ohne jemals gelernt zu haben, wie man mit solchen Problemen umgeht!

- Das führt dazu, dass sie die Probleme nicht lösen können, die die Mitarbeiter ihnen ins Büro tragen.
- Sie reagieren bei Kritik zur eigenen Person ungehalten, obwohl sie vollmundig behaupteten: »Mit mir kann man über alles reden!«
- Sie können Konflikte nicht klären, die sie klären sollten.

Diese drei Defizite beheben wir im Folgenden der Reihe nach.

Kompetenz zur Problemlösung erhöhen

Führungskräfte fühlen sich oft für jedes Problem verantwortlich. Die Mitarbeiter kriegen das natürlich mit und laden prompt jedes Problemchen beim hilfsbereiten Chef ab. Deshalb ist der Chef binnen kürzester Zeit hoffnungslos überlastet. Etliche Manager fallen dann ins andere Extrem:

- Sie revidieren ihre Politik der offenen Tür und schlagen die Tür zu.
- Sie bagatellisieren das Problem, um es sich vom Hals zu schaffen.

Beides sind Bumerangreaktionen, weil sie die Mitarbeiter vor den Kopf schlagen und ihre Motivation zerstören. Und wir wissen ja: Die beste Motivation ist, Demotivation zu vermeiden.

Probleme schnell vom Tisch zu bekommen und trotzdem die Mitarbeiter nicht zu verärgern, geht im Grunde einfach:

- Hören Sie erst einmal in Ruhe zu. Ein trivialer Tipp? Mitnichten. Die meisten Manager machen genau das Gegenteil: Kaum macht der Mitarbeiter den Mund auf, unterbrechen sie ihn mit einem Vorschlag: »Aber das ist doch kein Problem! Machen Sie es einfach so und so!« Das ist einfach nur Selbstüberschätzung. Das klappt nicht, wie die Praxis beweist: Der Chef liegt in acht von zehn Fällen daneben – eben weil er das Problem nicht bis zu Ende gehört hat.
- Will der Mitarbeiter eine Lösung von Ihnen, geben Sie sie ihm nicht. Fragen Sie ihn zuerst nach seinen eigenen Lösungsvorschlägen. Tun Sie das nicht, erziehen Sie den Mitarbeiter dazu, künftig jedes Problem bei Ihnen abzuladen – eben weil Sie jedes Problem bereitwillig lösen! Er verlernt das Denken, weil er ja Sie dafür hat. Fragen Sie ihn jedoch nach seinen Vorschlägen, erziehen Sie ihn dazu, das nächste Mal mit eigenen Vorschlägen zu Ihnen zu kommen – oder überhaupt nicht mehr. Eben weil er gelernt hat, seine Probleme selbst zu lösen.

Tipp

Lösen Sie nicht die Probleme des Mitarbeiters! Helfen Sie ihm dabei, sie selbst zu lösen.

Das ist Ihre oberste Führungsaufgabe: Mitarbeiter dazu zu befähigen, ihren Job selbst zu machen.

Falls der Mitarbeiter Sie nicht um einen Lösungsvorschlag bittet und einfach weiter von seinem Problem erzählt, lassen Sie sich nicht die Zeit stehlen. Unterbrechen Sie ihn und fragen Sie ihn, was er von Ihnen möchte. Gibt er keine klare Antwort, ist das Antwort genug: Er möchte lediglich seinen Kummer bei Ihnen loswerden. Dann hören Sie ihm einfach zu – denn das ist es, was er von Ihnen möchte. Geben Sie auf keinen Fall Lösungstipps! Das will er nicht! Das fasst er als oberlehrerhaft auf. Sagen Sie ihm abschließend einfach: »Gut, dass wir darüber geredet haben.«

Was tun bei Kollegenpetze?

Neue Vorgesetzte finden es am Anfang oft gut, wenn Mitarbeiter ihnen den neuesten Klatsch und Tratsch erzählen. Sie glauben daran zu erkennen, dass die Mitarbeiter sie als Chef akzeptieren. Problematisch wird es jedoch, wenn ein klatschender Mitarbeiter einen Kollegen anschwärzt: »Der Kerl ist unmöglich. Immer macht er … So kann das nicht weitergehen. Können Sie nicht mal mit ihm reden?«

Hat man Sie auch schon darum gebeten? Sind Sie der Bitte nachgekommen? Dann werden Sie erlebt haben, dass das eine ganz dumme Idee war. Denn kaum werden Sie beim angeschwärzten Mitarbeiter vorstellig, stellt sich häufig heraus, dass der Petzende haltlos übertrieben oder die Fakten verdreht hat. Der Verpetzte stellt das natürlich sofort klar und will nun seinerseits Sie als Rammbock gegen den petzenden Kollegen einsetzen: Sie sind zwischen die Fronten geraten! Sie sind Spielball zweier Mitarbeiter geworden. Das sollte einem Chef niemals passieren. Denn dadurch verliert er den Respekt seiner Mitarbeiter.

Tipp

Lassen Sie sich nicht zum Spielball zerstrittener Mitarbeiter machen. Klären Sie die Angelegenheit unter sechs Augen.

Sagen Sie dem petzenden Mitarbeiter einfach: »Wir sollten das aus der Welt schaffen. Ich lade den Kollegen ein, und wir klären dann die Angelegenheit zu dritt.« Will der Mitarbeiter lediglich einen Kollegen anschwärzen, macht er daraufhin einen Rückzieher: »Ach, so wichtig ist das nun auch wieder nicht.« Sie ersparen sich damit eine Menge Ärger und Gesichtsverlust und erziehen den Mitarbeiter dazu, künftig solche Versuche zu unterlassen. Er lernt dabei: Sie lassen es nicht mit sich machen.

Behindert der Konflikt der beiden Mitarbeiter die Produktivität oder die Zusammenarbeit in der Abteilung, bestehen Sie jedoch auf Ihrem Gespräch zu dritt. Laden Sie beide zu einem Termin ein und führen Sie ein professionelles Konfliktgespräch.

Mit Kritik an der eigenen Person gekonnt umgehen

Erstaunlich viele Manager behaupten: »Mit mir kann man offen reden.« Ein schönes, mitarbeiterorientiertes Versprechen. Nehmen die Mitarbeiter es ernst, kommt es jedoch oft zum Eklat, wenn sie dem neuen Chef Feedback geben – zu seiner eigenen Person! »Ich find es nicht toll, wenn Sie …« – »Warum müssen Sie denn immer …?« Damit hat der Chef nicht gerechnet! Er hält sich für ideal und muss nun Kritik einstecken. Entsprechend fällt die Reaktion aus:

- Die meisten Chefs reagieren darauf sehr verblüfft und fühlen sich persönlich ge- und betroffen.
- Oder sie reagieren aufbrausend: »Was bildet der sich eigentlich ein?« Nichts. Er nutzt nur das, was man ihm angeboten hat.
- Sie rechtfertigen sich. Das wirkt ganz schwach, weil ein echter Chef sich nicht vor Mitarbeitern rechtfertigt.
- Sie kommen mit einem Gegenangriff und kehren den Chef heraus. Der Mitarbeiter sieht daran: Der Chef hat gelogen, als er versprach, dass man mit ihm über alles reden kann.
- Sie reagieren mit beleidigtem Rückzug: »Ich tue alles für meine Mitarbeiter und nun das!«
- Oder sie hegen sogar Rachepläne: »Dieser Kerl zählt ab sofort Schrauben im Lagerraum!«

Die Folge all dieser verständlichen Spontanreaktionen: Die totale Klimakatastrophe, die völlige Demotivation des Mitarbeiters, der vollständige Beziehungsriss. Der so gemaßregelte Mitarbeiter redet nicht mehr mit dem Chef – wenigstens nicht in den nächsten Wochen. Außerdem schwärzt er meist auch noch den Chef bei den Kollegen an und schmiedet seinerseits Rachepläne. Auch die anderen Mitarbeiter zeigen dem Chef nun die kalte Schulter. Der Chef hält seine Mitarbeiter daraufhin für unkooperativ. Dabei hat er sie mit seiner unüberlegten Reaktion selbst dazu gebracht!

Wer unkooperative Mitarbeiter hat, hat meist zuvor Fehler gemacht. Wie vermeiden Sie diese Fehler? Wie gehen Sie richtig mit Feedback zu Ihrer eigenen Person um?

☑ Checkliste: So gehen Sie souverän mit Feedback zur eigenen Person um

☐ **Überprüfen Sie Ihre Einstellung:** Was fällt Ihnen zum Thema »Kritik« ein? Die meisten Manager antworten auf Führungsseminaren darauf mit Attributen wie »lästig« und »ärgerlich«. Sie haben eine negative Einstellung zu Kritik an ihrer Person. Das ist normal.

☐ **Erkennen Sie die Ursache Ihrer Abneigung gegen Kritik:** Die meisten Menschen können nur deshalb nicht angemessen mit Kritik umgehen, weil sie sich dabei automatisch persönlich angegriffen fühlen. Das ist zwar verständlich, aber meist eine Fehleinschätzung: Gerade bei persönlich verletzender Kritik entspricht das Verhalten in der Regel nicht der Absicht. Der Mitarbeiter, der Sie kritisiert, möchte Sie nicht persönlich treffen, verletzen oder herabwürdigen – das scheint nur so! Tatsächlich ist er aufgeregt, gestresst oder so verunsichert, dass er glaubt, nur auf besonders scharfe Weise sein Feedback anbringen zu können. Reden Sie sachlich mit ihm, beruhigt er sich schnell wieder.

☐ **Zählen Sie bis zehn:** Da Sie nun wissen, dass Sie nur deshalb unangemessen auf Kritik reagieren, weil Sie sie persönlich nehmen, gewöhnen Sie sich an, zunächst zu schweigen, wenn Sie Kritik hören. Widerstehen Sie der Versuchung, sich zu einer unüberlegten Reaktion hinreißen zu lassen, sagen Sie zunächst nichts und zählen Sie bis zehn.

☐ **Achten Sie ganz bewusst auf Ihren Körper:** Wo fühlen Sie sich buchstäblich getroffen? Im Magen? Im Genick? Hinter der Stirn? Haben Sie das Gefühl, vor den Kopf gestoßen worden zu sein oder dass man Ihnen den Boden unter den Füßen wegzieht? Bei jedem ist das Gefühl anders. Konzentrieren Sie sich auf die Stelle, an der das Gefühl auftritt. Diese aktive Lenkung Ihrer Aufmerksamkeit verhindert eine falsche Spontanreaktion. Sie hilft, sich zu sammeln.

☐ **Gehen Sie jetzt zur Bauchatmung über:** Atmen Sie einige Male tief ein und aus – sonst reagieren Sie zu spontan und emotional. Mit dieser simplen Atemübung haben Sie bereits die nötige Distanz zur ungeliebten Kritik geschaffen: Es geht Ihnen buchstäblich nicht mehr so nah. Sie beruhigen sich und das Klima.

☐ **Prüfen Sie nach, auf welcher Ebene Kritik geübt wird:**
- Kritik am Umfeld, zum Beispiel: »Sie hatten uns doch neue PCs versprochen, und die sind immer noch nicht da!«
- Kritik auf der Verhaltensebene, zum Beispiel: »Ich lasse mich von Ihnen nicht vor versammelter Mannschaft zur Minna machen!«
- Kritik an Fähigkeiten, zum Beispiel: »Ich habe den Eindruck, Sie verstehen gar nicht, worum es da geht!«

Wenn Sie erkennen können, auf welcher Ebene kritisiert wird, können Sie die Kritik besser einordnen und besser damit umgehen.

- ☐ **Prüfen Sie nach, was hinter der Kritik steckt:** Wie machen Sie das? Richtig, durch Fragen. Wer fragt, der führt: »Wie meinen Sie das genau?« – »Wie kommen Sie darauf?« – »Woran erkennen Sie das?« Die Wirkung dieser Fragen: Selbst die persönlichste, emotionalste Kritik wird dadurch versachlicht. Sie fühlen sich danach nicht mehr persönlich angegriffen. Das ist das Wichtigste bei der Kritikbehandlung!
- ☐ **Klären Sie Missverständnisse auf:** 80 Prozent der Kritik am Vorgesetzten ist keine, sondern lediglich ein Missverständnis, das der Chef nach dem vorangegangenen Schritt aufklären kann: »So war das doch nicht gemeint!« – »Vielleicht habe ich mich da etwas unklar ausgedrückt.« – »Es tut mir leid, dass Sie das so verstanden haben, aber so war das nicht gemeint!« Klären Sie das Missverständnis, indem Sie mit dem Mitarbeiter darüber reden. Reden klärt.
- ☐ **Klären Sie sachlich und emotional:** Wenn der Mitarbeiter Sie kritisiert, weil er sich emotional auf den Schlips getreten fühlt, Sie aber rein sachlich betrachtet durchaus recht hatten, dann sprechen Sie beides aus: »Es war nicht meine Absicht, Ihnen auf die Füße zu treten. Die Sache ist nur die: Wir müssen Projekt 23 auf Eis legen, weil …«
- ☐ **Wenn der Mitarbeiter mit seiner Kritik tatsächlich recht hat** (was durchaus vorkommen kann), dann ist das Dümmste, was Sie machen können: abstreiten, rechtfertigen, schönreden, rausreden … Das zerstört Ihre Glaubwürdigkeit und die Motivation des Mitarbeiters. Sie wissen ja: Die beste Motivation ist immer noch, Demotivation zu vermeiden. Vor allem spricht es sich herum und zerstört zusätzlich die Motivation der anderen Mitarbeiter. Da hilft nur eines: wahre Größe zeigen. Nur ein Feigling versteckt Fehler.

Ein kompetenter Chef kann auch zu Fehlern stehen, ohne das Gesicht zu verlieren, indem er souverän bleibt und sich sogar für die Kritik bedankt: »Danke, dass Sie mich darauf hinweisen. Das hätte nicht passieren dürfen.« Machen Sie ein Versprechen, aber bitte kein unrealistisches: »Das wird nie wieder vorkommen!« Niemand kann so ein Versprechen halten. Machen Sie lieber realistische Versprechungen: »Ich werde künftig verstärkt darauf achten.« Dann nehmen Sie dem kritisierenden Mitarbeiter zum Abschluss den Wind aus den Segeln, indem Sie ihn zu Ihrem Verbündeten machen: »Falls mir das nochmals passiert, machen Sie mich doch darauf aufmerksam.« Wenn Sie das einem Mitarbeiter sagen, wird er Sie nicht wieder kritisieren – denn nun ist er ja Ihr Verbündeter.

Wenn ein Mitarbeiter Sie auf dem linken Fuß erwischt

Als Vorgesetzter müssen Sie auf alles gefasst sein. Auch darauf, dass ein Mitarbeiter Sie mal auf dem linken Fuß erwischt: »Die Zahlen, die Sie uns gestern gaben, sind teilweise falsch!« Stimmt das tatsächlich? Hätten Sie das gewusst, hätten Sie ihm die Zahlen doch nicht gegeben! Ob er also recht hat oder nicht, können Sie unmöglich aus dem Stand beantworten – also tun Sie es auch nicht!

Tipp

Sie müssen nicht jedes Feedback sofort beantworten. Können oder wollen Sie es nicht – vertagen Sie es einfach!

Denn sonst untergraben Sie Ihre eigene Autorität. Der Mitarbeiter merkt nämlich recht schnell, dass Sie im Grunde keine Ahnung haben, wovon er spricht. Sagen Sie: »Das möchte ich mir erst nochmals genau ansehen. Ich komme morgen auf Sie zu!« Morgen suchen Sie ihn dann auf und stellen die Sache richtig. Dieses Vorgehen ist unbedingt auch angeraten, wenn Kollegen oder Ihr Vorgesetzter Sie auf dem falschen Fuß erwischen: »Tut mir leid, das muss ich mir erst nochmals anschauen. Ich komme morgen auf Sie zu.« Und dann legen Sie sich für morgen eine hieb- und stichfeste Erwiderung zurecht.

Kompetent Konflikte klären

Neue Führungskräfte halten sich meist für gute Konfliktmanager. Sobald jedoch zwischen Mitarbeitern ein Konflikt aufkommt, was häufiger passiert, erweist sich dies als massive Selbstüberschätzung:

- Der Chef ignoriert die Streitereien, bis sie der Motivation, der Produktivität oder der Abteilung schaden.
- Er schlägt mit der Verbalkeule dazwischen und legt damit eigenhändig Motivation, Produktivität oder Abteilung lahm.
- Er versucht zu schlichten, ergreift dabei jedoch unbewusst Partei und eskaliert den Konflikt dadurch noch mehr.

Konflikte klären in zehn Schritten

- **Klären Sie Ihre Rolle.** Laden Sie die zerstrittenen Mitarbeiter zu einem Klärungsgespräch ein. Klären Sie vorab Ihre Rolle: »Zweck unseres Gesprächs ist, dass alle Seiten über das Problem reden. Ich selbst bin neutral. Ich möchte eine für alle Seiten akzeptable Lösung finden.« Selbst wenn Sie glauben, dass ein Mitarbeiter recht hat: Zeigen Sie es nicht! Bleiben Sie neutral! Die Konfliktparteien müssen sich allein einigen. Sobald Sie für eine Seite Partei ergreifen, haben Sie die anderen gegen sich, und der Konflikt eskaliert!
- **Vereinbaren Sie Regeln** für den Umgang miteinander und achten Sie darauf, dass diese Regeln im Gespräch eingehalten werden:
  - keine persönlichen Angriffe;
  - den anderen ausreden lassen;
  - keine Zwischenbemerkungen, wenn der andere spricht.
- **Vereinbaren Sie ein gemeinsames Ziel.** Fragen Sie: »Was ist Ziel dieser Besprechung?« Halten Sie dieses Ziel schriftlich fest und erinnern Sie die Parteien immer wieder daran, wenn es nicht mehr weitergeht: »Sie haben zu Beginn gesagt, dass Sie die Sache aus der Welt schaffen möchten – können wir zu diesem Ziel zurückkehren?«
- **Vereinbaren Sie gemeinsam, wer beginnen darf.** Mitarbeiter A trägt dann seine Sicht des Konflikts vor. Während A redet, sorgen Sie dafür, dass B sich an die Regeln (s. Regeln vereinbaren) hält. Falls B unruhig wird, moderieren Sie: »Schreiben Sie Ihre Einwände ruhig auf, Sie sind gleich dran.« Wer schreibt, funkt nicht dazwischen.
- **Fragen Sie A, was er sich idealerweise von B wünscht.** Welches Ziel verfolgt er damit?
- **Bitten Sie B, Ihnen beiden die Meinung von A in eigenen Worten zu erklären.** Damit decken Sie Missverständnisse auf wie: »Moment mal – so habe ich das aber nicht gemeint!« Klären Sie die Missverständnisse der Reihe nach.
- **Jetzt bitten Sie B, seine Sicht, Wünsche und Ziele zu formulieren.**
- **Danach gibt A in seinen eigenen Worten wieder, wie er B verstanden hat.** Sie klären wieder alle Missverständnisse.
- **Finden Sie den gemeinsamen Nenner.** Oft wollen alle Seiten im Grunde dasselbe, verfolgen jedoch unterschiedliche Wege. Halten Sie die Gemeinsamkeiten fest.
  - Lassen Sie darüber diskutieren, wie alle Seiten zu diesem gemeinsamen Nenner kommen können.
  - Halten Sie die gemeinsame Einigung schriftlich fest, erstellen Sie einen Maßnahmenplan: Wer macht was bis wann?
- **Vereinbaren Sie einen Follow-up.** Wann treffen wir uns, um zu klären, wie die Einigung sich bewährt hat?

Ein Manager ist nur so gut wie seine Konfliktkompetenz

Sie fühlen sich etwas überwältigt? Das ist normal. Viele Manager glauben, Konflikte mit links klären zu können. Vernünftige Manager schauen dagegen das 12-Stufen-Schema der Konfliktklärung an und fühlen sich überwältigt: »Ich hätte nicht gedacht, dass man so viel dabei beachten muss!«

> **Tipp**
>
> Da es schwer ist, sich Konfliktkompetenz im Do-it-yourself-Verfahren anzueignen, besuchen Sie ein entsprechendes Führungstraining, Konfliktseminar oder lassen Sie sich coachen.

Mit ein wenig Übung läuft das Schema dann fast automatisch ab. Man gewöhnt sich daran.

Falls Sie mit diesem Verfahren keine Konfliktklärung erreichen, was hin und wieder vorkommt, bleibt als Konfliktlösung nur, dass sie einen der konfliktbeteiligten Mitarbeiter versetzen (lassen). Das ist zwar ein aufwendiger Schritt, doch der Schaden ist größer, wenn Sie ihn nicht tun. Denn Konflikte kosten! Sie vernichten Motivation und Produktivität.

Jetzt wissen Sie auch, warum wir meist so empfindlich auf Konflikte reagieren: Uns fehlt die nötige Konfliktkompetenz! In unserer westlichen Zivilisation wird diese absolut notwendige Kompetenz weder in Elternhaus und Schule noch in Ausbildung oder an der Uni gelehrt. Wir schießen Menschen ins All, doch wir können keine Konflikte klären. Tragisch. Verschaffen Sie sich die nötige Konfliktkompetenz.

Nebenbei hat Konfliktkompetenz einige schöne Nebenwirkungen, wie unsere Seminarteilnehmer immer wieder berichten. Auch privat kommen Sie viel besser mit anderen Menschen klar, können Konflikte schneller und leichter klären. Außerdem stärkt Konfliktkompetenz Ihr Selbstbewusstsein. Mit der nötigen Konfliktkompetenz im Rücken fühlen Sie sich weniger angreifbar. Egal, was kommt, Sie können souverän damit umgehen.

Das Kapitel auf einen Blick

- Wenn Sie sich seit Ihrer Beförderung für jedes Problem Ihrer Mitarbeiter verantwortlich fühlen: Machen Sie sich bewusst, dass Ihr Vorgesetzter etwas anderes von Ihnen erwartet.
- Wenn Sie glauben »Mit mir kann man über alles reden!«, sollten Sie auch die nötige Kompetenz mitbringen, mit den Konflikten und Problemen fertigzuwerden, über die Ihre Mitarbeiter mit Ihnen reden wollen.
- Problemkompetenz bedeutet, den Mitarbeitern nicht jedes Problem abzunehmen, das sie in Ihr Büro tragen – sonst bringen die Mitarbeiter immer mehr davon!
- Problemkompetenz heißt, den Mitarbeitern zu helfen, ihre Probleme selbst zu lösen.
- Geben Sie keine vorschnellen Tipps – erfassen Sie immer erst die ganze Problemsituation.
- Lösen Sie nicht die Probleme des Mitarbeiters – bringen Sie ihm bei, sie selbst zu lösen.
- Geben Sie Mitarbeitern keine vorgefertigten Lösungen – fragen Sie sie erst nach ihren eigenen Vorschlägen.
- Lassen Sie sich nicht zum Spielball zerstrittener Mitarbeiter machen. Laden Sie die Streithähne zum Klärungsgespräch unter sechs Augen ein.
- Üben Sie, souverän mit Kritik zur eigenen Person umzugehen.
- Das Wichtigste bei Kritik an Ihrer Person: Das Verhalten entspricht nicht der Absicht! Der Kritisierende will Sie nicht persönlich verletzen – er ist lediglich gestresst, verunsichert oder glaubt, dass er nur so seine Ideen kommunizieren kann.
- Reden Sie sich nicht raus. Wenn Sie tatsächlich mal einen Fehler gemacht haben – was am Anfang normal ist –, stehen Sie gegenüber Ihren Mitarbeitern dazu. Das fördert Ihre Autorität.
- Um Konflikte zwischen Mitarbeitern zu klären, benötigen Sie Konfliktkompetenz. Wer ohne Kompetenz Konflikte angeht, eskaliert sie!
- Übung macht den Meister. Für Konfliktkompetenz benötigen Sie Konflikttraining. Es geht leider nicht ohne.

Kommunikation gezielt einsetzen

Führung ist zu 90 Prozent Kommunikation

Selbstüberschätzung und Führungsfrust liegen im Führungsalltag manchmal eng beieinander. Auf der einen Seite halten sich viele Manager für geborene Führungskräfte: »Führen kann ich doch – schließlich wurde ich befördert!« Auf der anderen Seite klagen sie noch im selben Atemzug über ihre passiven und denkfaulen Mitarbeiter:

- »Es wird selten so gemacht, wie ich das erwarte.«
- »Ich hab das denen doch erklärt – warum klappt das nicht?«
- »Einige meiner Mitarbeiter verstehen nicht, worum es geht.«
- »Die sind ja so empfindlich. Ständig kriegt einer etwas in den falschen Hals!«
- »Stellen die sich absichtlich dumm, oder wollen die mich nur auf den Arm nehmen?«

Viele Führungskräfte bemerken schon wenige Tage nach ihrer Beförderung, dass etwas nicht stimmt. Doch sie glauben, das liege an den Mitarbeitern: »Die werden bald einsehen, dass jetzt ich das Sagen habe!« Das erweist sich in der Regel als Irrtum. Es wird nicht besser, es wird schlimmer. Der Grund ist einfach: Wenn Mitarbeiter nicht das tun, was Sie ihnen sagen, liegt es meist nicht an den Mitarbeitern, sondern daran, wie Sie es ihnen sagen. Anders formuliert: Führung ist zu 90 Prozent Kommunikation. Damit wird Führen relativ einfach: Sobald Sie effektiv kommunizieren (können), können Sie effektiv führen.

Das eine ist ohne das andere nicht möglich. Wann immer die Mitarbeiter nicht das tun, was und wie Sie es von ihnen erwarten, ist Ihre Kommunikationskompetenz noch nicht führungsreif. Kein Wunder: Kommunikationskompetenz erwerben Sie nicht qua Beförderung, sondern nur durch Wissen und Training.

Viele Führungskräfte glauben: »Meine Mitarbeiter verstehen schon, was ich meine!«, und lassen schon im nächsten Moment verbale Führungstorpedos vom Stapel, dass Vorgesetzten, Kollegen und Mitarbeitern der Atem stockt. Vermeiden Sie diese in Ihrem Führungsjob.

Katalog der verbalen Führungstorpedos

Mitarbeiter gegen sich aufbringen

Jeder Chef hat die Mitarbeiter, die er verdient. Als ein vor wenigen Wochen zum Produktgruppenleiter beförderter Ingenieur sich bei seinem Abteilungsleiter darüber beklagt, dass ihm eben im Meeting einige Mitarbeiter böse in die Parade gefahren seien, fragt der Abteilungsleiter zur Überraschung des 37-jährigen Jungmanagers: »Was genau haben Sie denn gesagt, um Ihre Leute so gegen sich aufzubringen?« Der neue Vorgesetzte ist erstaunt: »Daran habe ich noch gar nicht gedacht, dass ich selbst die Reaktion provoziert haben könnte!«

Der Abteilungsleiter weiß etwas, was der neue Vorgesetzte noch nicht wusste: Wenn ein Mitarbeiter querschießt, hat ihn der Vorgesetzte oft dazu provoziert. Womit? Mit einem Verbaltorpedo.

Die zehn häufigsten verbalen Torpedos

- Management-Fachausdrücke
- Anglizismen
- Abstrakta
- zu hohe Voraussetzungen
- ZDF – Zahlen, Daten, Fakten
- zutexten
- Vorwurfshaltung
- Pauschalwertungen
- zu wenig Hintergrundinformation
- Lügen

Wenn Ihnen so ein Torpedo rausrutscht, gehen Motivation und Produktivität der Mitarbeiter erst einmal im freien Fall nach unten. Betrachten wir im Folgenden, wie die Torpedos wirken und wie Sie sie vermeiden.

Vermeiden Sie Management-Fachausdrücke

Manager regen sich regelmäßig darüber auf, dass die Mitarbeiter nicht das tun, was von ihnen erwartet wird. Kaum einer denkt daran, dass viele Mitarbeiter schlicht nicht *verstehen*, was von ihnen erwartet wird. Manager reden gerne von Rentabilität, Wertschöpfung oder Prozessketten. Oft benutzen gerade Jungmanager solche Fachausdrücke besonders gerne, weil sie so eindrucksvoll klingen und ihnen, so denken sie, Respekt verschaffen. Das Gegenteil ist der Fall. Wer nicht verstanden wird, wird nicht respektiert.

Manager gehen wie selbstverständlich davon aus, dass ihre Mitarbeiter den Management-Slang verstehen. Das ist ein Irrtum. Wissen Sie, was Mitarbeiter mit Fachausdrücken machen, die ihr Chef verwendet?

»Bullshit-Bingo«

Neulich verriet uns ein Facharbeiter, dass er und sein Team jedes Mal, wenn der vor wenigen Monaten zum Chef beförderte Exkollege einen Vortrag hält, »Bullshit-Bingo« spielen: »Für jedes Managerfremdwort, das er verwendet, gibt es einen Punkt.« Was der neue Chef zu sagen hat, bekommt kaum einer mit: »Wenn es wichtig wäre, würde er es bestimmt auf Deutsch sagen.« Überflüssig zu sagen, dass der Vorgesetzte bereits am Verzweifeln ist, warum seine Mitarbeiter nichts verstehen, obwohl er ihnen doch ständig die Bedeutung einer »Shareholder-orientierten Marktstrategie« erklärt.

Tipp

Verwenden Sie Management-Fachausdrücke nur, wenn Sie beeindrucken, aber nicht verstanden werden wollen.

Fragen Sie sich: Was möchte ich in der konkreten Situation? Eindruck schinden? Oder die Mitarbeiter dazu bringen, das zu tun, was ich von ihnen erwarte? Setzen Sie Fachausdrücke nicht unbedacht und automatisch ein, sondern wohlüberlegt. Natürlich: Um sich verständlich auszudrücken, müssen Sie die Fachausdrücke erst einmal in gutes Deutsch übersetzen. Das macht ein wenig Mühe. Aber immer noch weitaus weniger Mühe, als sich mit Mitarbeitern auseinanderzusetzen, die nicht tun, was Sie von ihnen erwarten. Wenn Sie sich bei der Übersetzung schwertun: Auch das ist normal. Viele Management-Fachausdrücke sind inhaltslose Leerformeln, die man beim

Übersetzen am besten durch etwas Sinnvolles ersetzt. Sie werden sehen: Mit der Zeit bekommen Sie Übung im Übersetzen.

Streichen oder übersetzen Sie Anglizismen

Public Relations, Cashflow, Cashcow, Feasibility, Balanced Scorecard, Supply Management, Target Costing, Budgeting ... hört sich alles mächtig imposant an – doch verstehen tun die Begriffe oft noch nicht einmal die, die sie verwenden, geschweige denn ihre Mitarbeiter. Der Imageschaden ist beträchtlich. Oft denken die Mitarbeiter nur: »Was für ein aufgeblasener Kerl!« Obwohl an unseren Schulen Englisch unterrichtet wird, haben immer noch die meisten Menschen eine Abneigung gegen fremdsprachige Begriffe.

Tipp

Wenn es ein gutes deutsches Wort für den Anglizismus gibt, verwenden Sie den deutschen Begriff.

Sagen Sie zum Beispiel:
- Öffentlichkeitsarbeit statt Public Relations;
- Veränderungsarbeit oder -projekte statt Change-Management;
- Buchhaltung statt Accounting;
- Schlüsselkunde statt Key Account;
- Netzwerk statt Network.

Sprechen Sie deutsch – es sei denn, Ihre Mitarbeiter benutzen alle ganz selbstverständlich den Anglizismus.

Reden Sie nicht abstrakt, wenn Sie etwas Konkretes wollen

Innovationskraft, Marktdynamik, Globalisierung, Systeme, Wertorientierung, Wertschöpfung, Zukunftsorientierung ... – alles große und eindrucksvolle Begriffe, bei denen sich jeder, der sie hört, unbewusst fragt: »Was soll denn das nun wieder heißen?« Jeder verwendet diese Begriffe, aber kaum einer weiß, was sie bedeuten. Dafür sind sie zu abstrakt; deshalb heißen sie so: Abstrakta. Deutschlehrer benutzen zur Veranschaulichung gerne folgenden Merksatz: »Alles, was Sie nicht in eine Schubkarre laden und wegkarren können, ist ein Abstraktum.« Beachten Sie: Abstrakta sind gut für Sonntagsreden. Wenn Sie möchten, dass Ihre Mitarbeiter etwas aktiv tun, dann werden Sie konkret: Was möchte ich haben? Bequemlichkeit oder Erfolg?

Setzen Sie nicht zu viel voraus

Mitarbeiter denken anders als Manager

Eine Jungmanagerin beklagt sich: »Wie kann der Meier (einer ihrer Mitarbeiter) noch vor Abschluss des Preiswettbewerbs mit einem Lieferanten verhandeln?« Aus einem einfachen Grund: Herr Meier ist Konstrukteur. Er ist kein Manager. Er weiß nicht, dass im Standardangebotsprozess erst der Zuschlag abgewartet werden muss, bevor man mit einzelnen Lieferanten »ans Eingemachte« geht.

Führungskräfte setzen häufig unbewusst voraus, dass Prozesse und Methoden des Managements ihren Mitarbeitern bekannt sein müssten. Doch woher soll ein normaler Mitarbeiter das wissen? Das ist nicht seine Arbeit, nicht seine Sprache, nicht seine Welt. Dafür wird er nicht bezahlt. Woran merken Sie, dass Sie einen Mitarbeiter kommunikativ überfordern? Ganz einfach: Schauen Sie dem Mitarbeiter ins Gesicht, wenn Sie mit ihm reden. Es steht Menschen buchstäblich ins Gesicht geschrieben, wenn sie Ihnen nicht folgen können. Der Blick wird leer, die Augen werden groß, manche verziehen den Mund ... Haken Sie sofort nach: »Was genau ist Ihnen unklar?« So einfach diese Frage ist, die meisten Manager stellen sie nicht. Warum nicht? Weil sie denken: »Der versteht mich schon!« oder »Der kapiert das auch noch!«. Gefährliche Gedanken. Denn wer muss das letztendlich ausbaden? Richtig: Sie.

Sprechen Sie die Sprache des Mitarbeiters

Schon Luther sagte, man müsse dem Volk »aufs Maul schauen«, wenn man verstanden werden will. Denn was das Volk nicht kennt, darauf hört es nicht. So einfach ist das. Trotzdem schaffen es nur die guten Führungskräfte, über ihren Schatten zu springen und die Sprache der Mitarbeiter zu sprechen. Über diese Führungskräfte sagen die Mitarbeiter dann: »Der nimmt uns ernst. Der spricht unsere Sprache.« Das könnten Ihre Mitarbeiter bald schon über Sie sagen.

ZDF – Zahlen, Daten, Fakten

Für Manager sind Tabellen, Schaubilder und Diagramme Tagesgeschäft. Deshalb verwenden sie sie ganz selbstverständlich. Sie vergessen dabei: Für die meisten Mitarbeiter sind das böhmische Dörfer. Die meisten Menschen wissen nicht, wie man eine Matrix (Tabelle mit zwei Eingängen) liest. Sie versuchen es gleich gar nicht. Sie lesen einfach drüber weg. Schade. Denn so erfahren sie nie, was der Chef von ihnen will. Und der Chef wundert sich natürlich, warum die das nicht verstehen, obwohl er es ihnen doch mit harten Zahlen, Daten und Fakten (ZDF) präsentiert.

Tipp

Verwenden Sie ZDF nur nach dem KUSS-Prinzip: kurz und sehr simpel!

Also: Nur ganz kleine Tabellen. Nur Schaubilder mit wenigen Zahlenreihen. Nur wenige Zahlen auf einmal. Nichts Ausgefallenes wie beispielsweise ein Kuchendiagramm mit zwölf Kuchenstückchen. Keine komplexen Zusammenhänge. Und vor allem: Alles, was Sie zeigen, müssen Sie auch erklären können! Es genügt nicht, darauf zu verweisen: »Das finden Sie alles in der Tabelle!« Eine Tabelle, die Sie nicht erklärt haben, gilt als nicht vorhanden – zumindest für viele Mitarbeiter. Möglicherweise finden Sie das umständlich. Doch das sind die betrieblichen Realitäten. Sie können sie ignorieren und unverstanden bleiben. Oder Sie können sie akzeptieren und erfolgreich sein. Ihre Wahl. Übrigens: Neue Manager legen ZDF oft unkommentiert vor – weil sie diese selbst nicht verstehen. Das ist keine Schande. Mit der Beförderung bekommen Sie ja nicht automatisch ein BWL-Diplom. Daher:

Tipp

Präsentieren Sie ZDF erst dann, wenn Sie diese erklären können.

Kommunikation entsteht beim Empfänger

In unseren Führungsseminaren melden sich an dieser Stelle oft neue Führungskräfte und sagen: »Warum soll ich meine Sprache ändern? Die Mitarbeiter sollen sich anstrengen, damit sie kapieren, was ich sage! Die grundlegenden betrieblichen Zusammenhänge müssen sie doch auch verstehen!« Verständlicher Standpunkt. Der Haken daran ist lediglich: Wenn jemand Sie nicht versteht, können Sie ihn nicht dazu zwingen.
Deshalb sagt die Kommunikationstheorie: Kommunikation entsteht beim Empfänger. Der Empfänger entscheidet, ob er etwas versteht oder nicht. Tun Sie ja auch, oder? Also weshalb soll für Ihre Mitarbeiter etwas anderes gelten? Wenn ein Mensch Sie nicht versteht, bleibt Ihnen nur übrig, so zu reden, dass er Sie versteht.

Zugegeben: Das ist ein gewöhnungsbedürftiges Kommunikationsprinzip, das übrigens in der Alltagskommunikation auch selten beachtet wird. Aber es ist eben ein Irrtum anzunehmen, dass Ihre Mitarbeiter Sie automatisch verstehen, nur weil Sie alle dieselbe Sprache sprechen …

Kommen Sie zum Punkt!

Wie Mitarbeiter über Chefs reden

Oft berichten uns Mitarbeiter: »Heute hat der Chef wieder eine seiner berühmten Reden geschwungen. Wir saßen baff da und fragten uns: Sollen wir bloß zuhören, oder erwartet er auch etwas von uns? Hinterher sagte der Chef dann: ›Sie wissen jetzt, was zu tun ist.‹ Also von uns weiß es keiner.«

Warum nicht? Weil der Manager nicht auf den Punkt kam. Er redete lang und breit, er »textete zu«, doch er hat sich vor seiner Rede offensichtlich nicht gefragt: Was will ich mit der Rede erreichen? Bloß Information? Oder Zustimmung? Vorschläge? Oder eine konkrete Bemühung der Mitarbeiter?

Tipp

Überlegen Sie, bevor Sie kommunizieren, was Sie erreichen wollen. Vor allem: Sprechen Sie diesen Punkt explizit an!

Also zum Beispiel: »Ich erwarte von Ihnen, dass Sie ab sofort alle B-Projekte mit einer zusätzlichen Risikoanalyse ausstatten, wie ich Sie im Folgenden erläutern werde.« Oder: »Ich erwarte, dass Sie gut zuhören und sich die wichtigsten Informationen zur aktuellen Absatzentwicklung notieren.«

Die meisten Manager merken sehr wohl, dass die Mitarbeiter sich fragen: »Was sollen wir eigentlich mit dem anfangen, was er sagt?« Sie spüren die fragenden Blicke, die latente Unsicherheit – und erklären es nochmals und nochmals und nochmals ... anstatt klar und deutlich, offen und kurz auf den Punkt zu kommen und zu sagen, was sie von den Mitarbeitern erwarten.

Bitte keine Vorwurfshaltung!

Wie reagieren manche Führungskräfte, wenn sie bemerken, dass ihre Mitarbeiter nicht das tun, was erwartet wird? Ganz (selbst)verständlich mit offenen oder verdeckten Vorwürfen:

- »Die andern Projekte sind viel weiter. Warum Ihres nicht?«
- »Vielleicht klappt das ja auch mal bei Ihnen.«
- »Na ja, wenn das das Beste ist, was Sie hinbekommen ...«
- »Einem alten Hund bringt man keine neuen Tricks mehr bei.«
- »Wird das heute noch was?«
- »Vielleicht könnten Sie sich das nächste Mal einfach auf Ihre Präsentation vorbereiten.«
- »Probieren Sie es doch einmal mit Denken. Soll manchmal helfen.«

Manager haben manchmal eine Schwäche für einen flotten Sprachstil, gespickt mit Ironie, Zynik und Sarkasmus. Das ist chic, das peppt, das entspricht dem Zeitgeist. Die Sachbotschaft kommt dabei auch einwandfrei rüber: Der Mitarbeiter weiß, was er falsch gemacht hat. Aber er macht es danach nicht wirklich besser. Weil er sich sehr ärgert, dass er so von oben herab behandelt wurde. Er reagiert mit Demotivation und oft auch mit einer Trotzhaltung: »Jetzt mache ich es erst recht nicht richtig!« Wenn wir im Seminar reale Dialoge zwischen Führungskräften und Mitarbeitern durchgehen, sind viele Vorgesetzte über die Trotzreaktion verblüfft: »Sind Mitarbeiter wirklich so schnell eingeschnappt?« Viele sagen auch: »Aber warum sagt der Mitarbeiter denn nicht, dass er sich auf den Schlips getreten fühlt?

Mit mir kann man doch reden!« Das ist eine irrige Vorstellung. Dem Chef sagen, dass sein Sarkasmus persönlich beleidigend ist? Das wagt kein normaler Mitarbeiter. Als Vorgesetzter dürfen Sie gegenüber Mitarbeitern nie Ironie, Zynik und Sarkasmus verwenden.

Was dann? Klare Sachaussagen: »Ich hatte den Eindruck, dass Sie nicht ausreichend auf Ihre Präsentation vorbereitet waren. Beim nächsten Mal integrieren Sie bitte die Quartalszahlen und die aktuellen Verkaufsberichte in Ihre Präsentation.«

Vermeiden Sie pauschale Bewertungen!

- »Ihre Präsentation hatte einfach zu wenig Biss!«
- »Jeder normale Mensch weiß doch, wie das geht.«
- »So geht das einfach nicht! Machen Sie das nochmals!«
- »Was soll dieses völlig planlose Vorgehen?«
- »Da fehlt der klare logische Aufbau.«

Das mag sachlich alles zutreffen – doch was soll der Mitarbeiter daraufhin tun? Wüssten Sie es, wenn man Sie mit solchen Pauschalwertungen konfrontieren würde? Sicher nicht. Also woher soll es der Mitarbeiter wissen? Der Mitarbeiter weiß nach Pauschalwertungen nicht, was sein Chef meint, was er von ihm erwartet. Er fühlt sich fertiggemacht. Das sollte jedoch nicht das Ziel einer Führungskommunikation sein. Vorsicht: Viele Führungskräfte benutzen dieses Fehlmuster der Kommunikation ganz automatisch. Sie sagen zum Beispiel: »Der Mitarbeiter weiß schon, was gemeint ist.« Aber da machen sie es sich zu bequem. Schon einfaches Nachfragen belegt: Die Mitarbeiter wissen es eben nicht.

Tipp

Vermeiden Sie Pauschalbewertungen. Kommunizieren Sie konkrete Erwartungen.

Sagen Sie also zum Beispiel nicht: »Sie haben das voll versiebt.« Die Sie-Botschaft darin ist sowieso eine Todsünde, weil sie ein unverhohlener Vorwurf ist – und Vorwürfe provozieren eine Trotzhaltung. Diese Kommunikation erzielt eine bessere Wirkung: »Ich bin enttäuscht von Ihrem letzten Kundengespräch. In Ihrem Besuchsbericht vermisse ich die Behandlung der drei erkennbaren Kundeneinwände. Bitte legen Sie mir schriftlich eine Gegenargumentation vor, nehmen Sie diese zu Ihren Verkaufsunterlagen und verwenden Sie sie künftig so, dass ich das dem Gesprächsbericht entnehmen kann.« Das klingt ganz anders, nicht wahr? Schon beim Lesen hat man das Gefühl, dass diese Führungskraft ganz genau weiß, was sie will – und es auch bekommen wird! Ihre Kommunikation ist klar und konkret.

Zu wenig Hintergrundinformation

Wenn Mitarbeiter nicht das tun, was Chefs von ihnen erwarten, werden den Mitarbeitern oft und gerne Passivität und mangelnde Motivation unterstellt. Tatsächlich fehlt den Mitarbeitern jedoch in der Regel ausreichend Information für ausreichend Motivation.

Die Mitarbeiter wissen in der Regel, was sie bis wann machen müssen. Damit ist Klarheit geschaffen, Motivation noch nicht. Für eine ausreichende Motivation brauchen Mitarbeiter auch Informationen über Sinn und Zweck. Der Mensch ist ein Sinntier. Eine sinnlose Arbeit motiviert ihn nicht. Die meisten Mitarbeiter wissen eben nicht, warum, wozu und aus welchem Anlass oder Grund sie das tun, was sie tun sollen. Was damit erreicht oder vermieden werden soll. Sie wissen nicht, was das dem Unternehmen, der Abteilung, anderen Abteilungen, dem Kunden und vor allem ihnen selbst, ihrer Arbeitsplatzsicherheit oder ihren anderen Arbeitsmotiven nützt: Kein Nutzen – keine Motivation! Der Vorgesetzte gibt ihnen nicht die nötige Sinn-Information. Warum nicht? Weil viele Vorgesetzte annehmen: »Aber das ist doch klar, wozu wir das machen!« Dem Chef vielleicht – den Mitarbeitern jedoch nicht. Also sagen Sie's ihnen; aber mit KUSS: kurz und sehr simpel.

Keine Lügen!

- »Wir müssen nicht entlassen!«, und drei Wochen später liegen die ersten Kündigungen in den Briefkästen.
- »Momentan wird niemand eingestellt – aber bald bekommen wir wieder mehr Personal!« Diese Lüge wird zurzeit großflächig verbreitet. Sie erzielt durchaus ihre Wirkung: Die Mitarbeiter engagieren sich trotz Un-

terbesetzung. Doch nach einigen Monaten stellen sie fest, dass das alles nicht stimmt, und machen verbittert Dienst nach Vorschrift.

Das ist typisch für Lügen: Sie haben kurze Beine. Sie wirken einige Zeit – doch wenn sie ans Tageslicht kommen, sinken die Produktivität und das Ansehen des Vorgesetzten. Viele Manager lügen, weil sie sich nicht anders zu helfen wissen, weil es bequem ist oder weil sie irrtümlich annehmen, damit davonzukommen. Im Endeffekt schaden sie sich damit selbst am meisten. Bleiben Sie unbedingt bei der Wahrheit – oder schweigen Sie.

Gerade frisch Beförderte wollen es besonders gut machen: »Aber die Wahrheit ist hart. Die Mitarbeiter vertragen das nicht!« Deshalb schwindeln sie ein bisschen, um die harte Wahrheit abzumildern. Das ist gut gemeint, zahlt sich jedoch nicht aus. Denn Lügen kommen irgendwann immer ans Tageslicht. Und dann bedanken sich die Mitarbeiter nicht dafür, dass der Vorgesetzte sie mit der Wahrheit so lange verschonte, sondern sie denken und sagen: »Er hat uns die ganze Zeit über angelogen. Das heißt, dass er uns nicht ernst nimmt. Wir sind für ihn nur Mittel zum Zweck. Er macht Karriere, und wir werden geopfert.« Damit sind die Karriereaussichten des Chefs beschädigt. Denn Karriere ist gegen die eigenen Mitarbeiter langfristig nicht machbar.

☑ Checkliste: Verbaltorpedos

- ☐ Vermeiden Sie Management-Fachausdrücke im Umgang mit Mitarbeitern. Übersetzen Sie Management-Buzzwords in die Mitarbeitersprache.
- ☐ Streichen oder übersetzen Sie Anglizismen im Umgang mit Mitarbeitern – es sei denn, sie benutzen sie auch.
- ☐ Reden Sie konkret, wenn Sie Konkretes von Mitarbeitern erwarten. Konkret heißt: Erwartungen kommunizieren.
- ☐ Fragen Sie sich bei der Kommunikation immer wieder: Setze ich zu viel an Vorwissen und Verständnis voraus?
- ☐ Schütten Sie Mitarbeiter nicht mit Zahlen, Daten, Fakten zu. ZDF immer nur so wenig und einfach wie möglich und immer per KUSS-Prinzip erklären.
- ☐ Kommen Sie auf den Punkt, und reden Sie nicht drumherum.

☐ Vermeiden Sie Ironie, Zynik und Sarkasmus – die Todsünden im Umgang mit Mitarbeitern. Wer Erwartungen klar kommunizieren kann, hat das nicht nötig.

☐ Konfrontieren Sie Ihre Mitarbeiter nicht mit Pauschalwertungen, sondern formulieren Sie immer konkrete Erwartungen.

☐ Stoppen Sie die Memoflut! Kommunizieren Sie persönlich.

☐ Geben Sie den Mitarbeiten Informationen über Sinn und Zweck. Je motivierender die Hintergrundinformation, desto motivierter die Mitarbeiter.

☐ Lügen Sie nicht. Bleiben Sie bei der Wahrheit – oder schweigen Sie einfach.

Das Kapitel auf einen Blick

- Gehen Sie niemals davon aus: »Meine Mitarbeiter verstehen mich schon. Die wissen schon, was ich meine!« Das tun sie in der Regel nicht. Denn: Das Missverständnis ist in der Kommunikation die Regel, nicht die Ausnahme.
- Je unmissverständlicher und gleichzeitig beziehungsfreundlicher Sie kommunizieren, desto effektiver führen Sie.
- Wenn Sie mit Mitarbeitern sprechen, sprechen Sie die Sprache der Mitarbeiter. Denn nur was verstanden wird, wird gemacht.
- Wenn ein Mitarbeiter nicht das tut, was Sie ihm sagen, liegt es in der Regel nicht am Mitarbeiter, sondern daran, wie Sie es ihm sagen.
- Wenn Sie jemand nicht versteht, können Sie ihn nicht zwingen, Sie zu verstehen: Kommunikation entsteht beim Empfänger. Sie können lediglich so klar und konkret reden, dass er Sie versteht.
- Mit Kommunikationskompetenz wird kein Manager geboren. Sie wird nicht per Beförderung verliehen. Jeder, der darüber verfügt, hat sie sich in Eigenarbeit erworben.

Führungskräfte schauen über den Tellerrand

- Systemisch führen: Sich selbst nicht so wichtig nehmen
- Die Führungskraft als Coach
- Meine Mitarbeiter kenne ich nicht!
- Smartphones, Tablets, Cloud Computing

↗ 03

Systemisch führen: Sich selbst nicht so wichtig nehmen

Wer sich zu wichtig nimmt, kriegt Ärger

Das muss alles anders werden

Frank übernimmt von seinem pensionierten Vorgänger eine Entwicklungsgruppe. Nach einigen Tagen auf dem Chefsessel meint er zu seinen Mitarbeitern: »Also wie die Dokumentation hier abläuft, finde ich sehr unglücklich. Wir sollten das schleunigst ändern.« Die Mitarbeiter blicken ihn stumm an. Sobald sie unter sich sind, ziehen sie über ihn her: »Seit fünf Jahren dokumentieren wir so – aber er weiß schon nach drei Tagen alles besser!«
Sylvia, die neue Innendienstleiterin eines Laborbedarfherstellers, ist sauer über die schlampige Art und Weise, mit der einige Außendienstmitarbeiter ihre Besuchsberichte ausfüllen. Sie äußert lautstark Kritik. Daraufhin steht binnen Stunden der Verkaufsleiter mit hochrotem Kopf in ihrem Büro und schreit sie an: »Wenn Sie jemanden zur Sau machen wollen, dann machen Sie das mit Ihren eigenen Mitarbeitern! Meine Verkäufer lassen Sie gefälligst in Ruhe, sonst können Sie was erleben!«

Was ist hier passiert? Betrachten wir die Fakten. Die beiden Führungskräfte

- verfolgten die besten Absichten;
- wollten einen Missstand abstellen;
- wollten ihren Vorgesetzten beweisen, wie kompetent sie sind;
- hatten zwar in der Sache hundertprozentig recht, fielen aber trotzdem in Ungnade.

Warum? Weil sie sich unbewusst zu wichtig nahmen. Sie glaubten ganz selbstverständlich, Anerkennung zu bekommen, wenn sie einen Missstand aufdecken. Das betriebliche Umfeld machte ihnen jedoch schnell klar, dass sie *so* wichtig nun doch nicht sind, und verwies sie in ihre Schranken. Wir sehen: Wer es endlich richtig, besser oder einfach nur anders als sein Vorgänger auf dem Chefsessel machen möchte, erlebt meist ein schlimmes Erwachen.

Das Newcomer-Paradoxon: Gut gemeint, schlecht gemacht

Die neuen Führungskräfte wollen nur das Beste für ihren Bereich – und erreichen dabei häufig das Gegenteil: Die Mitarbeiter rebellieren, die Kollegen toben, die Vorgesetzten schütteln verwundert den Kopf, allenthalben brechen Konflikte auf, das Klima kühlt ab, und die Produktivität sinkt.

Führungskräfte leiden unter dieser Situation, wie uns etliche in Coaching und Training berichteten: »Viele Kollegen und Mitarbeiter sprechen nicht mehr mit mir! Dabei habe ich es nur gut gemeint!« Selbst der eigene Vorgesetzte schneidet sie. Das belastet sie. Sie ahnen meist nicht, dass sie das Übel selbst verursacht haben.

Auch wenige können das ganze System ausbremsen

Betrachten wir Franks Entwicklungsgruppe: Zwei der Entwickler finden Franks Idee mit der neuen Dokumentation gar nicht so schlecht, während drei der Kollegen sie überhaupt nicht gut finden. Franks Team ist in zwei Lager gespalten. Er hält die Mitarbeiter des einen Lagers für inkompetent: »Ja sehen die nicht, wie ineffizient die alte Dokumentation ist?« Offensichtlich nicht. Und damit ist Franks gute Idee erst einmal ausgebremst.

Warum? Viele Führungskräfte haben gute Ideen – aber sie wissen nicht, wie man mit oppositionellen Lagern umgeht. Weil der Begriff »Lager« schon anderweitig belegt ist (von Logistik und Lagerhaltungstheorie), nennt die moderne Organisationsentwicklung das, was wir hier Lager genannt haben, System. Frank und Sylvia haben gute Ideen. Aber sie wissen nicht, wie sie mit den Systemen umgehen müssen, die gegen diese Ideen opponieren. Sie haben eine zu geringe systemische Kompetenz. Das kann man ändern. Beginnen wir damit, dass wir aus den beiden Fallbeispielen neun allgemeingültige Erkenntnisse über Systeme ziehen.

Die neun Prinzipien der Systemik in der Führung

An den beiden Beispielen erkennen Sie einige der grundlegenden Prinzipien der Systemik, der Lehre vom Verhalten der Systeme:

Die neun Systemprinzipien

1. Es nützt wenig, wenn Sie die besten Absichten verfolgen. Entscheidend ist die Frage: Wie reagieren die Systeme auf Ihre Ideen?
2. Kein Mensch ist eine Insel – obwohl Führungskräfte sich oft so verhalten. Sie ignorieren die Systeme in ihrem Umfeld und reagieren frustriert, wenn die Systeme Widerstand leisten.
3. Als Führungskraft bewegen Sie sich immer in mehreren Systemen: Können Sie mit den einzelnen Systemen umgehen?
4. Ignorieren Sie Systeme nicht – rechnen Sie mit ihnen.
5. Schärfen Sie Ihren Blick für die Systeme im Unternehmen.
6. Nicht Ihre Fachkompetenz oder Ihre Weisungsbefugnis entscheidet über Erfolg und Vorwärtskommen, sondern Ihre Systempflege.
7. Gegen ein System können Sie nicht kämpfen. Das System ist immer stärker als der Einzelne.
8. Systeme können Weisungen umgehen, aussitzen, verfremden, sabotieren.
9. Sie können ein System jedoch so beeinflussen, dass es sich in Richtung auf Ihre Wünsche bewegt.

Das 4-Stufen-Modell des systemischen Führens

Es ist mühsam und obendrein unnütz, sich mit einem System anzulegen, gegen den sprichwörtlichen Strom zu schwimmen. Sie können jedoch an strategischen Stellen Steine in den Strom legen. Dann beginnt der Fluss, anders zu fließen. Wer führen will, braucht systemische Intelligenz. Mit dieser Intelligenz wird man(ager) nicht geboren; sie will vielmehr erworben werden. Hilfreich dabei sind vier Kernfragen:

- Welche Mitglieder sind im System vorhanden?
- Wie reagiert das System auf mein Handeln?
- Welche Gründe haben die Systemmitglieder für ihr Handeln?
- Wie sollte mein Handeln aussehen, damit das System in meinem Sinne reagiert?

Betrachten wir diese vier Fragen im Einzelnen.

Welche Mitglieder sind im System vorhanden? Und: **Wie reagiert das System auf mein Handeln?** Wie ein System auf Ihre Ideen reagiert, hängt davon ab, wer die Systemmitglieder sind. Das klärt die erste Systemfrage. Verknüpfen Sie diese mit der zweiten Frage: Wie reagieren diese Systemmitglieder wohl auf Ihr geplantes Vorhaben? Wenn Sie beide Fragen zusammen beantworten, erhalten Sie die Basis der Systemsteuerung: Die Befürworter-Gegner-Matrix zeigt Ihnen die kritischen Mitglieder jedes Systems. Diese Matrix können Sie formlos nach eigenem Belieben erstellen. Wenn Sie schriftliche Notizen machen, behalten Sie leichter den Überblick.

Befürworter-Gegner-Matrix

Systemmitglieder	Befürworter	Gegner
Anton Müller	X	
Bernd Maier		X
Claudia Keller		X
Frank Zabel	X	
Erich Schmidt		X
Monika Schnell	X	

Ersetzen Sie das X im jeweiligen Matrixfeld durch den Grund, weshalb das betreffende Systemmitglied für den Vorschlag oder dagegen ist. Mit so einer Matrix hätten sich Frank und Sylvia massive Widerstände erspart. Sie hätten vorher gesehen, von welchen Systemmitgliedern welche Widerstände zu erwarten sind, und hätten sich darauf vorbereiten können.

Welche Gründe haben die Systemmitglieder für ihr Handeln? Wenn Sie die Befürworter-Gegner-Matrix erstellen, können Sie einige Überraschungen erleben. Frank zum Beispiel sagt: »Ich fasse es nicht! Warum ist Bernd Maier gegen die neue Dokumentation? Das verstehe ich nicht!«

Reaktionen von Systemmitgliedern erscheinen zunächst oft irrational. Fragen Sie sich: Was bringt dem Systemmitglied sein Verhalten? Wenn Sie ernsthaft darüber nachdenken, kommen Sie meist sehr schnell auf plausible Gründe. Denn Sie entdecken den Nutzen hinter dem scheinbar unangemessenen Verhalten.

Bernd Maier lehnt die neue Dokumentation eben nicht ab, weil er dumm oder bösartig wäre. Er lehnt sie ab, weil er zurzeit so viele andere Aufgaben hat, dass er sich nicht auch noch in ein neues Dokumentationssystem einarbeiten kann – wie er meint. Seine Weigerung ist also rational: Sie schützt ihn vor Überlastung. Jedes Systemmitglied verhält sich nutzenmaximierend – auch wenn das *Ihren* Nutzen nicht maximiert! Jedes Systemmitglied verhält sich rational – aus seiner eigenen Sicht betrachtet. Das Entscheidende dabei ist, ein System so zu sehen, wie es sich selbst sieht. Konkret heißt das: Wenn Sie möchten, dass Ihre Mitarbeiter das leisten, was Sie von ihnen erwarten, tun Sie für einige Minuten so, als ob Sie selbst Mitarbeiter wären – Sie werden schnell darauf kommen, wie Sie Ihre Mitarbeiter für Ihre Vorhaben begeistern können. Dieses Hineindenken in ein System funktioniert selbstverständlich auch mit anderen Systemen wie zum Beispiel der Geschäftsführung, der Einkaufsabteilung oder dem Beziehungspartner.

Wie reagiert das System auf mein Handeln? Wie steuern Sie ein System? Indem Sie das umsetzen, was Sie bei der dritten Systemfrage über das System erfahren haben. Wenn Frank zum Beispiel Bernd Maier überzeugend darlegen kann, wie er trotz neuen Dokumentationssystems seinen Nutzen (= erträgliche Arbeitsbelastung) wahren kann, wird sich Bernd Maier auf Franks Ziele zu bewegen.

Den richtigen »Hebel« finden – Vorteile aufzeigen

Einige von Franks Systemmitgliedern sperren sich gegen die neue Dokumentation. Frank sucht nach vorhandenen Systemressourcen, die sein Vorhaben unterstützen könnten. Er erinnert sich daran, dass diese Mitarbeiter sehr qualitätsbewusst arbeiten. Also zeigt er ihnen auf, wie die neue Dokumentation zu einer deutlich besseren Qualität der Dienstleistungen der Abteilung führen wird.

Diese vorhandene Systemressource ist der Hebel, mit dem Frank das System bewegt. Ihr System hat keinen solchen Hebel? Dann schauen Sie etwas genauer nach. Jedes System hat ein besonderes Bewusstsein, eine Nutzenerwartung, ein ganz besonderes Interesse, das nur darauf wartet, von Ihnen entdeckt zu werden. Wenn es nicht Qualitätsbewusstsein ist, dann ist es vielleicht (Arbeitsplatz-)Sicherheit oder Bequemlichkeit oder … Es gilt lediglich, diesen Hebel zu entdecken.

Das hört sich alles einleuchtend an: Sie finden einfach die Ressourcen Ihres Systems und beeinflussen es dann nach Ihren Zielen. Doch so einfach fällt das vielen Führungskräften nicht, wie wir gleich sehen werden.

Warum Führungskräfte oft nicht systemisch führen wollen

Viele Führungskräfte sind von dem Gedanken nicht begeistert, ihre Systeme positiv zu beeinflussen: »Immerhin bin ich der Vorgesetzte! Ich suche keine Systemressourcen! Ich gebe vor und bestimme die Richtung!« Eine verständliche Einstellung. Sie hat nur einen Mangel: Sie funktioniert nicht. Daher sollten Sie sich die Frage stellen: Wollen Sie sich auf Ihre Weisungsbefugnis verlassen oder Erfolg haben?

Weisungen werden oft nicht in Ihrem Sinne befolgt. Sie funktionieren vor allem dann häufig nicht, wenn es darauf ankommt. Das heißt nicht, dass Sie ab sofort nicht mehr anweisen sollen. Sie sollten lediglich genau prüfen, ob Ihr konkretes System positiv auf Weisungen reagiert. Manche Systeme reagieren extrem negativ auf Weisungen, andere brauchen Weisungen geradezu. Deshalb ist das Systemprinzip »Schärfen Sie Ihren Blick für Systeme« so wichtig. Dann erkennen Sie auch, wie Ihre Systeme auf Weisungen reagieren und welche Art von Führung sie brauchen.

Die Spielregeln der Systeme

Wenn Sie in Ihrem Führungsalltag die auf Seite 150 genannten vier Systemfragen stellen, werden Sie bei der dritten Frage häufig eine seltsame Regelmäßigkeit beobachten: Systeme haben Spielregeln!

Spielregeln beachten

Wenn Frank die Versuchswerkstatt betritt, wird oft hinter seinem Rücken getuschelt: »Was macht denn der Krawattenträger hier?« Also streift er sich, seit er systemisch denkt, bei seinen Besuchen der Werkstatt einen grauen Werkstattkittel über. Sobald er die Werkstatt verlässt, zieht er den Kittel aus, denn sonst würde das System der Führungskräfte, dem er ebenfalls angehört, tuscheln: »Was macht denn der Graukittel hier?« Die Spielregel in beiden Systemen lautet offensichtlich: Die Kleidung muss zum System passen.

Sylvia hat sich früher sehr über die »Erbsenzähler aus dem Vertriebscontrolling« aufgeregt. Seit sie sich die dritte Systemfrage gestellt hat, hat sie die Spielregel identifiziert: »Ohne eine Tabelle ist ein Controller nicht gesprächsbereit.« Sie ärgert sich nicht länger über die Erbsenzählerei, sondern fertigt eine Tabelle an, wenn sie mit einem Controller reden möchte.

Wenn Sie die Spielregeln eines Systems kennen, können Sie es auch steuern. Wundern Sie sich nicht über die Spielregeln, die Sie nicht nachvollziehen können – nutzen Sie sie für Ihre Zwecke! Sie brauchen aus diesem Grund auch nicht der große Meister der Motivation zu sein. Sie motivieren Systemmitglieder immer noch am besten, wenn Sie die Spielregeln des Systems kennen.

Der Mega-Hebel des Systems

Bei der vierten Systemfrage haben wir gesehen, dass Sie ein System am besten beeinflussen können, indem Sie an seinen Hebeln ansetzen: an seinen Interessen, Bedürfnissen, Nutzen. Um das System in Ihrem Sinne zu beeinflussen, können Sie also Folgendes verwenden:

- alles, was ein System oder Systemmitglied interessiert;
- alles, was sich ein System oder Systemmitglied wünscht;
- alles, was einem System oder Systemmitglied nutzt.

Eine der potentesten Steuerungsfragen ist darüber hinaus die Gegenleistungsfrage: Was erwartet das System oder das Systemmitglied eigentlich von mir?

Der heimliche Experte

Frank hat seine Gruppe fast schon von der neuen Dokumentation überzeugt – bis auf einen Entwickler. Dieser sträubt sich gegen alle Steuerungsversuche. Da stellt sich Frank die Gegenleistungsfrage: Was will er eigentlich von mir? Als er nicht darauf kommt, stellt er die Frage dem Entwickler: »Was erwarten Sie von mir?« Nach einem kurzen Gespräch kommt heraus, dass der Entwickler sich sträubt, weil er im Team als die eigentliche Softwarekompetenz gilt. Das wusste Frank nicht. Er schlägt dem Entwickler vor, ihm die Auswahl der konkreten Dokumentationssoftware zu übertragen. Der Entwickler gibt seinen Widerstand auf und wird nun seinerseits zum glühenden Verfechter eines neuen Systems – schließlich bekam er, was er erwartete: Anerkennung als heimliche Softwarekoryphäe des Systems.

Die Systemsimulation

Sobald Sie sich fragen, wie Ihr Handeln aussehen sollte, damit ein System in Ihrem Sinne reagiert (vierte Systemfrage), werden Sie auf eine Vielzahl von Möglichkeiten stoßen: Es gibt viele Hebel, an denen Sie ansetzen können – welches ist der beste? Sie finden es am schnellsten heraus, indem Sie sich die Simulationsfrage der Systemik stellen: Wenn ich … mache – wie wird das System reagieren?

Allein durch diese Frage wird ein System weitgehend vorhersehbar und berechenbar. Wer systemisch denkt, kann quasi in die Zukunft blicken: eine Schlüsselkompetenz für Führungskräfte. Am Anfang fällt es Ihnen vielleicht schwer, diese Frage zu beantworten. Warum? Weil uns Elternhaus, Schule und Gesellschaft mehrheitlich nicht dazu erzogen haben, an die Systeme zu denken, in denen wir uns bewegen. Das ist kulturell bedingt. In anderen Kulturen ist das anders. In Japan zum Beispiel werden Kinder mit Blick auf Kaizen (ständiger Verbesserungsprozess) und Systemik erzogen. Das zeigt: Systemik ist Trainingssache. Wenn Sie es bisher nicht gelernt haben, können Sie sich systemisches Denken mit ein wenig Übung selbst aneignen: Simulieren Sie das Verhalten des Systems, das Sie beeinflussen wollen, immer erst, bevor Sie es tatsächlich beeinflussen. Legen Sie sich Ihre Optionen der Steuerung zurecht und überlegen Sie bei jeder einzelnen, wie das System darauf reagieren könnte.

Den Vorstand überzeugen

Frank ist inzwischen ein recht guter »Simulant«. Sein Mitarbeiter hat ein besonders teures Dokumentationsprogramm ausgewählt. Frank weiß: Der Vorstand wird sich dagegen sperren. Frank sieht drei Möglichkeiten der Steuerung des Systems »Vorstand« und spielt sie simulativ durch:

- **Investitionsantrag stellen:** Das System »Vorstand« wird ablehnen, da die übliche Bewilligungssumme überschritten wird.
- **Verbündung mit dem Controllingleiter:** Das System »Vorstand« wird ebenfalls ablehnen, jedoch länger brauchen.
- **Den Finanzvorstand überzeugen:** Das System »Vorstand« wird zustimmen, weil die neue Dokumentationssoftware Kosten spart und der Finanzvorstand alles im System »Vorstand« durchsetzt, was Kosten spart.

Der Mensch als Produkt seines Systems

Das Verhalten jedes Einzelnen wird immer auch von den Systemen bestimmt, in denen er sich bewegt. Wenn Ihre Mitarbeiter, Kollegen, Vorgesetzten, Kunden oder Geschäftspartner also mal wieder »spinnen«, spinnen sie in der Regel nicht. Sie verhalten sich lediglich systemkonform. Wenn Sie als Führungskraft eine Veränderung anpacken, sollten Sie sich vorher fragen: Wie weit können sich die Systemmitglieder auf meine Wünsche einstellen, bevor sie in Konflikt mit ihrem System geraten?

Familie versus Job

Der junge Vertriebsleiter eines Maschinenbauers, 32 Jahre alt, ledig, kinderlos, muss hochgesteckte Ziele erreichen. Daher erhöht er die vorgeschriebene Anzahl der Kundenbesuche seines Außendienstes von fünf auf acht pro Tag. Binnen eines Quartals verlässt ihn knapp ein Drittel seiner Verkäufer – natürlich nur die guten (die finden immer einen anderen Job). Warum? Es gab Konflikte mit dem Familiensystem: »Wenn ich meine Kinder nicht mehr vom Kinderhort abholen kann, überlege ich mir, wo ich weiterarbeite.« Der Vertriebsleiter ist Single. Daher hielt er sein System irrtümlich für *das* System schlechthin. Er ignorierte, dass seine Mitarbeiter sich in anderen Systemen bewegen.

Tipp

Gehen Sie vorsichtshalber davon aus, dass Ihr System nicht das System der anderen ist, und suchen Sie vorbeugend nach lauernden Systemkonflikten.

Systemische Motivation

Aus der Systempanne des Vertriebsleiters können Sie etwas über Motivation erfahren. Einen Menschen mit Systemkonflikt können Sie nicht motivieren! Denn Motivation versagt gegen ein System. Wenn ein System stärker ist als Ihre Weisungsgewalt, dann ist es auch stärker als die stärkste Motivation. Sie können einen Verkäufer, der sein Kind vom Kinderhort abholen will, eben nicht mit einem Bonus motivieren. Das löst nicht seinen Systemkonflikt. Das System schlägt den Bonus. Wenn Sie wollen, dass er sich bewegt, helfen Sie ihm, seinen Systemkonflikt zu lösen oder wenigstens einen Systemkonsens zu finden.

Im vorliegenden Fall wurde der Vertriebsleiter nach seinem Schaden klug: Mit den Familienvätern wurden andere, aber äquivalente Standards of Performance vereinbart als mit den Singles in der Verkaufsmannschaft. Damit war der Systemkonflikt beigelegt.

Die Gesetze der Systemik

Egal, mit welchen Systemen Sie sich beschäftigen: Sie werden feststellen, dass alle mehr oder weniger stark bestimmten Gesetzmäßigkeiten folgen:

- Ein System holt sich immer das, was es braucht.
- Die Bindung hält ein System zusammen.
- In einem System herrscht ein Ausgleich von Geben und Nehmen.
- Systeme sind immer in Bewegung.
- Wer Systemstörungen ignoriert, riskiert Systemschäden.

Betrachten wir diese fünf Systemgesetze im Einzelnen.

Ein System holt sich immer das, was es braucht

Das Jammerteam

Steffens Projektteam hängt hinter dem Zeitplan her. Wann immer er drängt, heißt es: »Das Labor braucht zu lange für die Tests.« Als er externe Laborleistung zukauft, hängt das Projekt noch immer. Jetzt sagt das Team: »Die Sonderfertigung braucht zu lange.« Als Steffen die Sonderfertigung auf Trab bringt, heißt es: »Die Qualitätssicherer halten uns auf!«

Jeder kennt solche Jammerteams. Sie arbeiten weniger, als sie jammern. Was auch immer der Vorgesetzte macht, um das Jammern abzustellen: Es hilft nicht wirklich. Warum? Weil er das ultimative Rezept gegen Jammern noch nicht gefunden hat? Nein, weil sich ein System immer holt, was es braucht. In diesem Fall Jammern: Wenn ein System ständig jammert, gehen Sie davon aus, dass es das Jammern braucht.

Warum? Stellen Sie sich die dritte Systemfrage: Fragen Sie nach dem Nutzen. Steffen findet heraus, dass das Team deshalb über andere jammert, weil es dann seine eigenen Fehler nicht abstellen muss. Denn Schuld haben ja immer nur die anderen.

Tipp

So sehr Sie das Verhalten eines Systems irritiert, gehen Sie davon aus, dass es sich damit exakt das holt, was es braucht.

Manche Systeme brauchen einen Buhmann. Feuert man diesen, hört das System nicht auf mit seinem produktivitätsvernichtenden Verhalten – es sucht sich lediglich einen anderen Buhmann. Meist ist das der Chef, der den ersten Buhmann feuerte. Der Gipfel der Undankbarkeit? Nein, Systemdynamik.

Systemdynamik (manchmal) zulassen

Steffen durchschaut irgendwann die Systemdynamik. Er sagt: »Ja, die Qualitätssicherer schlafen wieder mal. Übrigens, könntet Ihr die B-Tests schon diese Woche fahren?«

Was tut Steffen da? Er lässt seinem System das Jammern über die Buhmänner in der Qualitätssicherung, spricht aber gleichzeitig vorwurfsfrei (!) einen der Missstände an, von denen das Jammern ablenken soll. Das schmeckt dem System nicht, es lässt sich nur ungern darauf ein – doch es kommt dabei immerhin mehr heraus, als wenn Steffen versucht hätte, dem System das Jammern wegzunehmen.

Die Bindung hält ein System zusammen: Systeme werden durch ihre Bindung, durch eine Art Teamgeist zusammengehalten. Das Problem dabei ist: Ihre Mitarbeiter (Kollegen, Vorgesetzten, Kunden …) haben nicht den gleichen Systemgeist wie Sie!

Viele Führungskräfte beschwören immer wieder: »Wir sitzen alle im selben Boot. Wir ziehen alle am selben Strang.« Mag sein – doch jeder in eine andere Richtung. Daher kommen die »Firmen in der Firma«: Der Außendienst bekriegt den Innendienst, eben weil er sich nicht so sehr ans Unternehmen, sondern in erster Linie an den Außendienst gebunden fühlt. Die Mitarbeiter tun nicht oder nur widerwillig, was Sie Ihnen sagen, weil sie sich eben als Mitarbeiter, nicht als Mitunternehmer verstehen. Wenn Systemmitglieder demotiviert reagieren, kann es an Bindungsproblemen liegen: Sie fühlen sich ans »falsche« System gebunden.

Sie können eine bestehende Bindung nicht aufbrechen. Das sagt schon das siebte Systemprinzip: »Gegen ein System können Sie nicht kämpfen. Das System ist immer stärker als der Einzelne.« Sie können Mitarbeiter nicht dazu überreden, sich ans Unternehmen gebunden zu fühlen, wenn sie sich hauptsächlich ans System »Mitarbeiter« gebunden fühlen. Die Bindung bestimmt, wie ein Systemmitglied sich verhält. Fragen Sie sich: An wen fühlt sich dieses Systemmitglied gebunden? Bekämpfen Sie die Systembindung nicht. Nutzen Sie sie.

Bindung nutzen

Charlotte ist Verkaufsleiterin eines Kosmetikkonzerns. Seit sie die Bindungsprobleme in ihrer Abteilung erkannt hat, sagt sie nicht mehr zu ihrem Innendienst: »Arbeitet endlich vernünftig mit dem Außendienst zusammen! Wir sind doch schließlich bei derselben Firma!« Mit diesem Kampf gegen die Systembindung erreicht sie nichts. Deshalb kämpft sie nicht mehr gegen die Bindung, sondern benutzt sie. So weist sie den Innendienst zum Beispiel an, jede Außendienstanfrage binnen 24 Stunden zu bearbeiten: Dieses Ziel passt zur Systembindung, denn dieses Ziel ist ein Ziel des Innendienstes. Der Innendienst muss sich nicht mehr mit dem Außendienst »verbrüdern« und damit seine Bindung aufgeben. Für das 24-Stunden-Ziel kann er seine Bindung weiter aufrechterhalten.

In einem System herrscht immer ein Ausgleich von Geben und Nehmen: Viele Führungskräfte führen äußerst druckvoll. Sie machen ihren Mitarbeitern, Lieferanten und den internen Dienstleistern mächtig Druck. Das wirkt auch – kurzfristig. Erst geht die Produktivität nach oben, dann fällt sie senkrecht nach unten. Warum? »Weil ich eben noch mehr Druck machen muss!«, wähnen viele Manager. Inzwischen ahnen Sie, dass eine andere Erklärung eher zutrifft: Das System schlägt zurück. Jedes System sorgt für ein Gleichgewicht von Geben und Nehmen. Wird dieses Gleichgewicht gestört, sinkt die Leistungsfähigkeit des Systems. Ein typisches Beispiel dafür ist Ihnen sicher bekannt:

Wochenendseminar ohne Zeitausgleich

Verlangt ein Vorgesetzter von seinen Mitarbeitern, sich in Wochenendseminaren ohne Zeitausgleich, monetären Ausgleich oder wenigstens ein Dankeschön fortzubilden, geht das ein- bis zweimal gut. Danach reagieren die Mitarbeiter zunehmend mit Demotivation, Aggressivität und Passivität.

Warum? Weil der Vorgesetzte mehr nimmt, als er gibt. Er bringt sein System aus dem Gleichgewicht. Deshalb reagiert es mit Leistungsstörungen. Ein Beispiel für eine Gleichgewichtsstörung in die entgegengesetzte Richtung:

Geben und nehmen – den Ausgleich beachten

Einige Führungskräfte scheuen Konflikte, geben oft nach, lassen Fehler durchgehen oder laufen jeder Mitarbeiterbeschwerde hinterher. Sie geben also mehr, als sie nehmen. Sie glauben, dass sie besonders gut und mitarbeiterorientiert führen, doch das Gegenteil ist der Fall. Die Mitarbeiter werden entweder total passiv, weil der Chef ihnen alles Unangenehme abnimmt, oder sie werden aggressiv und nörgeln umso heftiger, je nachgiebiger der Chef ist – wer alles kriegt und sich nicht mehr anstrengen muss, dessen Selbstachtung sinkt, sodass er sie mit Nörgeln wieder zu heben trachtet.

In beiden Beispielen reagiert das System mit Leistungsverlusten, weil das Gleichgewicht zwischen Geben und Nehmen gestört wurde.

☑ Checkliste: Geben und Nehmen

- ☐ Achten Sie in Systemen in jeder Hinsicht auf ein Gleichgewicht zwischen Geben und Nehmen.
- ☐ Wenn Sie etwas von Systemmitgliedern (Mitarbeitern, Vorgesetzten, Kunden, Kollegen …) haben möchten, geben Sie ihnen im Austausch etwas Gleichwertiges.
- ☐ Sie brauchen es nicht *sofort* zu geben.
- ☐ Halten Sie lediglich auf absehbare Zeit das Konto ausgeglichen.
- ☐ Ein Ausgleich ist, was als Ausgleich akzeptiert wird.

- ☐ Denken Sie bei Ausgleich oft nur ans Geld? Das ist zu kurzsichtig. Als Ausgleich werden auch zusätzliche freie Zeit, Vergünstigungen, Sonderrechte oder schlicht Anerkennung akzeptiert.
- ☐ Oft wird der nichtmonetäre Ausgleich höher bewertet als Geld allein.

Daraus folgt: Führen ist eine Austauschbeziehung, die wie alle Austauschbeziehungen den Marktgesetzen gehorcht. Sobald das Angebot größer als die Nachfrage oder die Nachfrage größer als das Angebot ist, ist das Gleichgewicht gestört: Es kommt zu Anpassungsbewegungen, die ein Anbieter nicht mehr kontrollieren kann. Führung funktioniert am besten, wenn der Markt im Gleichgewicht ist. Ist Ihr Führungsmarkt im Gleichgewicht? Solange Ihre Mitarbeiter nicht das tun, was Sie von ihnen erwarten, ist er das offenbar nicht.

Systeme sind immer in Bewegung

Viele Führungskräfte reagieren oft ungehalten: »Was ist denn jetzt schon wieder los? Erst letzte Woche hatten wir doch die große Aussprache, und jetzt gibt es schon wieder Krach an der Basis?« Viele Manager glauben, dass ein gutes System ein ruhiges System ist. Das ist ein Irrtum.

Das Gegenteil trifft zu: Ein ruhiges System ist ein totes System. Sollte eines Ihrer Systeme in letzter Zeit auffällig ruhig sein, schauen Sie schnell nach, ob es überhaupt noch Lebenszeichen von sich gibt oder sich die meisten Mitglieder bereits innerlich aus dem System verabschiedet haben.

Ein System weist immer eine Systemdynamik auf – beklagen Sie diese nicht, rechnen Sie damit. Eine Ruhephase im System ist nur von kurzer Dauer – wenn das System gesund ist. Versuchen Sie also nicht, ein System »ein für alle Mal in Ordnung zu bringen«. Damit legen Sie ein System an die Kette (manche halten das für eine gute Idee). Konzentrieren Sie sich darauf, ein System mit möglichst wenigen, zeitsparenden und ökonomischen Steuerbewegungen auf Kurs zu halten.

Tipp

Ein gutes System ist kein ruhiges System. Ein gesundes System befindet sich nicht in einem statischen Zustand, sondern in einem dynamischen Prozess.

Wer diese Dynamik nicht aushält, hat ein Führungsproblem und sollte seine systemische Kompetenz auffrischen.

Wer Systemstörungen ignoriert, riskiert Systemschäden: Viele Manager tendieren dazu, Konflikte in Systemen sich selbst zu überlassen: »Das renkt sich schon von selbst wieder ein.« Dank Pareto wissen wir jedoch: 20 Prozent der Konflikte machen 80 Prozent der Systemschäden aus.

Wer Konflikte generell sich selbst überlässt, geht ein hohes Risiko ein. Zwar sind nur zwei von acht Konflikten sogenannte Systemkiller – doch schlägt so ein Killer einmal zu, ist der Schaden groß. Die Kunst besteht darin, Bagatellkonflikte von Systemkillern zu unterscheiden.

Tipp

Fragen Sie sich bei jedem Konflikt: Kann die Selbstheilungskraft des Systems diesen Konflikt lösen, oder liegt ein Systemkiller vor?

Führen mit System

Auf den ersten Blick erscheint systemisches Führen ungewohnt. Genau das ist es auch: Es ist weder schwierig noch schwer. Es ist einfach nur ungewohnt. Doch bald schon werden Sie bemerken: Systemisches Führen fällt Ihnen mit etwas Übung nicht nur immer leichter, es macht auch Spaß und bringt vor allem von der ersten Minute an Erfolg.

Tipp

Systemisches Führen spart Zeit, weil es Arbeit und Ärger spart.

Das liegt auf der Hand: Funktionieren Systeme richtig, machen sie am wenigsten Arbeit. Richten Sie Ihre Antennen auf Ihre Systeme aus. Sie werden bemerken, dass diese simple Maßnahme meist schon ausreicht, um sich einen systemischen Führungsstil anzueignen.

Das Kapitel auf einen Blick

- Ihre Ideen, Ziele und Ambitionen sind wichtig; wichtiger sind die Systeme in Ihrem Umfeld!
- Schärfen Sie Ihren Systemblick. Machen Sie es sich zur Gewohnheit zu fragen: Was machen die Systeme?
- Stellen Sie sich regelmäßig die vier Systemfragen:
  - Welche Mitglieder sind im System vorhanden?
  - Wie reagiert das System auf mein Handeln?
  - Welche Gründe haben die Systemmitglieder für ihr Handeln?
  - Wie sollte mein Handeln aussehen, damit das System in meinem Sinne reagiert?
- Beachten Sie die Systemgesetze:
  - Jedes System holt sich immer das, was es braucht.
  - Die Bindung hält ein System zusammen.
  - In einem System herrscht immer ein Ausgleich von Geben und Nehmen.
  - Systeme sind immer in Bewegung.
  - Wer Systemstörungen ignoriert, riskiert Systemschäden.

Die Führungskraft als Coach

Führungskräfte müssen heutzutage wahre Multitalente sein, die eine Fülle von Aufgaben zu bewältigen haben. Die Förderung und Entwicklung der eigenen Mitarbeiter sind dabei wichtige Führungsaufgaben (A-Aufgaben). Sie sind nicht delegierbar. Für diese Tätigkeiten werden unterschiedlichste Bezeichnungen verwendet: Weiterbildung, Training, Supervision, Training on the Job, Feldtraining. In den meisten Fällen trifft die Bezeichnung »Training on the Job« wohl am ehesten zu, wird jedoch oft durch den Begriff »Coaching« ersetzt. Die Besonderheit dieser Art der Mitarbeiterentwicklung liegt in der zeitweisen sehr engen Zusammenarbeit zwischen Führungskraft und Mitarbeiter. Und dies ist nicht nur räumlich gemeint.

Coaching im Verkaufsaußendienst

Der Verkaufsleiter Paul führt gemeinsam mit seinem Verkäufer Kundenbesuche mit den entsprechenden Verkaufsgesprächen durch. Er beobachtet den Mitarbeiter in der Verkaufspraxis, zum Beispiel in seiner Argumentation, seiner Fragetechnik oder seiner Abschlusssicherheit. Nach dem Kundenbesuch analysiert er die Verkaufsgesprächsführung sofort. Er gibt Feedback und Verhaltenshinweise, die der Verkäufer anschließend als neu gelerntes Verhalten sofort in der Praxis anwenden und erproben kann.

Grenzen und Möglichkeiten von Coaching

Coaching ist eine sehr anspruchsvolle, spezialisierte Führungsaufgabe und setzt entsprechende Qualifizierung und insbesondere persönliche Reife der Führungskraft voraus. Professionell und gut durchgeführtes Coaching führt schnell zu Ergebnissen, persönlicher Weiterentwicklung und Erfolgen des Mitarbeiters. Coaching hat aber auch Grenzen.

Freiwilligkeit ist nicht gegeben

Auch wenn in Ihrer Stellenbeschreibung Mitarbeiter-Coaching als Führungsaufgabe steht, können Sie Menschen nur coachen, wenn diese dazu bereit sind, Ihnen also im übertragenen Sinn einen »Coaching-Auftrag« geben, oder anders formuliert: Ihnen Coaching »erlauben«. Ihr Mitarbeiter muss freiwillig in den Coaching-Prozess gehen. Sagt er nicht freiwillig »Ja«, ist der Misserfolg programmiert. Hat Ihr Mitarbeiter nicht die Einsicht, dass ein Coaching ihn weiterbringen würde, oder lehnt er Coaching gänzlich ab, unterlassen Sie jegliches Coaching. Klären Sie nur noch, ob andere Maßnahmen greifen würden.

Coaching wird abgelehnt

Vier Gründe, warum Mitarbeiter Coaching ablehnen:

1. Sie haben Angst, dass Fehler aufgedeckt werden und daraus negative Konsequenzen für sie entstehen, zum Beispiel Degradierung oder Kündigung.
2. Sie haben Angst vor Indiskretion, zum Beispiel, dass Inhalte des Coachings nach außen bzw. an Dritte getragen werden.
3. Sie sehen bei sich keine Entwicklungsmöglichkeiten (»Das lerne ich nicht mehr«).
4. Sie sehen keine Entwicklungsnotwendigkeit (»Ich mach das jetzt schon 30 Jahre so, das war immer richtig«).

Die Punkte 1 und 2 können Sie ausräumen.

- Klären Sie gemeinsam mit dem Mitarbeiter, was er braucht, um seine Ängste zu verlieren.
- Versichern Sie ihm, dass er keine negativen Konsequenzen befürchten muss.
- Stellen Sie sicher, dass er verstanden hat, dass Coaching kein Test oder Assessmentcenter ist, sondern ihn in seiner Weiterentwicklung unterstützen soll.

- Versichern Sie ihm, dass nichts aus dem Coaching nach außen getragen wird. Sprechen Sie das deutlich vor jedem Coaching an. Treffen Sie mit dem Mitarbeiter eine Vertraulichkeitsvereinbarung, an die sich beide – sowohl Sie als auch er – gebunden fühlen.
- Vereinbaren Sie gemeinsam Coaching-Ziele. Die Betonung liegt auf *gemeinsam*. Das stellt sicher, dass Sie beide Ihre Ziele nicht aus den Augen verlieren und am Ende die Ergebnisse messen können.

Bei den Punkten 3 und 4 sollten Sie überlegen, ob dieser Mitarbeiter (noch) der Richtige in der Position bzw. in Ihrer Abteilung ist.

Lernen ist wie Rudern gegen den Strom.
Sobald man aufhört, fällt man zurück.
Benjamin Britten

Sie als Coach werden abgelehnt

Lehnt der Mitarbeiter Sie als Coach ab, ohne grundsätzlich etwas gegen Coaching einzuwenden, dann zwingen Sie sich nicht auf. Geben Sie den Coaching-Auftrag an einen externen Coach.

Vertrauen fehlt beiderseits

Coaching funktioniert nur auf einem stabilen Vertrauensverhältnis zwischen Coach und Coachee, also zwischen Vorgesetztem und Mitarbeiter. Ist die Vertrauensbasis zwischen Ihnen und Ihrem Mitarbeiter in irgendeiner Weise gestört, dann lassen Sie Coaching sein. Sie werden absolut nichts erreichen, der Mitarbeiter macht zu. Sie »beißen sich die Zähne aus«, vergeuden kostbare Zeit, sind frustriert, und erschwerend kommt hinzu: Sie schaden Ihrem Ruf als Führungskraft.

Ihre Doppelrolle Führungskraft – Coach

Aus der Tatsache, dass Sie auch als Coach immer noch der Vorgesetzte des Mitarbeiters sind, ergeben sich für beide Seiten weitere Grenzen, die nicht überschritten werden sollten. Coaching kann schnell so persönlich werden, dass es leicht zu Verwischungen der Funktions- und Hierarchiegrenzen kommt. Seien Sie sich Ihrer Doppelrolle stets bewusst und achten Sie darauf, dass diese Grenzen weder von Ihnen noch von Ihrem Mitarbeiter überschritten werden. Dies erreichen Sie, indem Sie mit den Coaching-Themen auf der rein beruflichen Ebene bleiben.

Respektieren Sie, dass der Grad der Offenheit Ihres Mitarbeiters Grenzen hat. Dringen Sie nicht zu tief in sein Innerstes. Behalten Sie die Rolle des Prozessführers in der Hand. Lenken Sie das Coaching gegebenenfalls durch Ihre Kommunikationstechnik auf die berufliche Ebene zurück. Wenn Sie diese Grenzen respektieren, können Sie Coaching als ein äußerst wirkungsvolles Führungsinstrument nutzen und Ihre Mitarbeiter zu Höchstleistungen anspornen.

Tipp

Lassen Sie sich im Coachen trainieren.

Wann ist Coaching angebracht?

Coaching wird eingesetzt, wenn es um Verhaltensänderung geht, zum Beispiel Verbesserung der Verkaufspraxis, der Mitarbeiterführung oder des Präsentationsverhaltens. Wenn Ihre Mitarbeiter ein Seminar absolviert haben, ist Coaching das Mittel der Wahl, um den Praxistransfer der Trainingsinhalte abzusichern.

Tipp

Nutzen Sie Coaching für den Praxistransfer von Trainings und Seminaren. Lassen Sie sich die Seminarunterlagen geben. Unterstützen Sie Ihre Mitarbeiter durch Coaching in der Übertragung der Inhalte in ihren Arbeitsalltag.

Coaching mit externen Coaches betrifft meistens alle Lebensbereiche, denn die Ursache, warum ein Mensch sich in einer bestimmten Art und Weise verhält, hat auch immer etwas mit seinen Lebensbereichen und Lebenserfahrungen außerhalb des Jobs zu tun. Für Sie als Vorgesetzter kann und darf sich Coaching aber nur auf den beruflichen Kontext beziehen. Von Themen wie »Umgang mit Konflikten«, »Angst vor bestimmten Situationen oder Menschen« oder inneren Blockaden sollten Sie als Vorgesetzter die Finger lassen.

Als Führungskraft sollten Sie sich im Coaching auf folgende Themenbereiche beschränken:

Themen, bei denen Sie als Führungskraft coachen können

- Vermitteln und Fördern von Wissen und Kenntnissen (zum Beispiel Fach-und Produktwissen, Markt- und Kundenkenntnissen, Organisationsabläufen oder –veränderungen)
- Entwickeln, Coachen, Trainieren von Fähigkeiten (zum Beispiel Verkaufsgesprächen, Produktpräsentation), Vertiefung und Praxistransfer von Trainingsmaßnahmen
- Korrekturen am Verhalten oder an Arbeitstechniken

Alle anderen Themen, die über den Arbeitsbereich hinausgehen oder in der Persönlichkeit und Erfahrung aus anderen Lebensbereichen des Mitarbeiters ihre Ursache haben (könnten), sind für Sie als Vorgesetzter tabu. Hier müssen Sie immer einen externen, erfahrenen und entsprechend ausgebildeten Coach hinzuziehen.

Raus aus der Führungsrolle – rein in die Coaching-Rolle

Sie müssen besser werden

Als Markus mit seinem Abteilungsleiter Paul nach einer missglückten Produktpräsentation bei einem Topkunden im Auto sitzt, legt Paul ungefragt sofort los: »Also, diese Präsentation ist ja wohl voll danebengegangen. Sie müssen dringend an Ihren Produktkenntnissen arbeiten. Außerdem müssen Sie bei Präsentationen darauf achten, dass Sie …, und Sie müssen immer … So können Sie nicht argumentieren. Einem Profi passieren solche Fehler wie … nicht.« Und so geht es einige Zeit weiter.

Das ist kein Coaching, das ist massive Mitarbeiterzerstörung. Hier hat nicht der Mitarbeiter, sondern sein Abteilungsleiter versagt. Warum? Weil Paul lange vorher die Produktkenntnisse oder die Präsentationstechnik von Markus hätte überprüfen können und ihm entsprechende Trainingsmöglichkeiten hätte geben müssen. Hier liegt ein schwerer Führungsfehler vor.

Und wenn Markus »nur« einen schlechten Tag hatte? Auch das hätte Paul vorher merken und klären müssen. Als guter Coach hätte er mit seinem Mitarbeiter Lösungsmöglichkeiten erarbeitet, um aus dem Tief rauszukommen und alle notwendigen Ressourcen für die Präsentation zur Verfügung zu haben. Noch ein schwerer Führungsfehler. Als guter, vertrauenswürdiger Chef hätte er seinen Mitarbeiter aber auf gar keinen Fall so gegen die Wand laufen lassen dürfen.

Coaching setzt ein anderes Rollenverständnis voraus. In der Rolle des Coachs treten Sie nicht direktiv auf und drücken schon gar nicht anderen Ihre Meinung auf. Sie sind eher »Hebamme« und unterstützen das Hervorholen und Nutzen vorhandener Ressourcen, Kenntnisse und Fähigkeiten. Und wenn keine Kenntnisse oder Fähigkeiten vorhanden sind? Dann braucht Ihr Mitarbeiter erst einmal Training und kein Coaching. Wo nichts ist, kann nichts entwickelt oder gecoacht werden.

Tipp

Als Coach streichen Sie das Wörtchen »müssen« aus Ihrem Sprachschatz.

Anforderungen an die Führungskraft als Coach

Nur mit hoher sozialer Kompetenz, viel Einfühlungsvermögen und einer Grundeinstellung, die von Respekt und Anerkennung gegenüber anderen geprägt ist, können Sie coachen. Gehen Sie folgende Checkliste durch. Prüfen Sie, ob Sie den Anforderungen gerecht werden.

☑ Checkliste: Anforderungen an die Führungskraft als Coach	☺	😐	☹
soziale Kompetenz	☐	☐	☐
Methodenkompetenz	☐	☐	☐
emotionale Intelligenz	☐	☐	☐
Respekt und Wertschätzung gegenüber anderen	☐	☐	☐
Fähigkeit, den Mitarbeiter sich entwickeln zu lassen	☐	☐	☐
nicht die eigene Meinung aufdrücken	☐	☐	☐
Kenntnis über die eigenen Stärken und Schwächen	☐	☐	☐
Bereitschaft zu persönlicher Weiterentwicklung/ Fortbildung	☐	☐	☐
Klarheit über Doppelrolle	☐	☐	☐
klare Einschätzung der eigenen Grenzen	☐	☐	☐
Bereitschaft, an einen anderen Coach weiterzuleiten	☐	☐	☐
Einschätzung der Grenzen von Coaching	☐	☐	☐

Gehen Sie diese Liste immer mal wieder durch. Steht das Kreuz bei dem ein oder anderen 😐 oder sogar ☹? Dann gleichen Sie in den Punkten Ihre Defizite aus. Lesen Sie Fachliteratur, bilden Sie sich weiter, engagieren Sie einen externen Coach.

Methodenkompetenz im Coaching

Die Hauptwerkzeuge im Coaching sind Kommunikationstechniken der nicht direktiven Gesprächsführung wie

- Fragetechnik und aktives Zuhören;
- durch Fragen aktivieren und anregen;
- unterstützendes Rückfragen, aufbauendes Feedback;
- Kennen der Regeln für Feedbackgeber und Feedbacknehmer

Den »Affen kriegen«

Mitarbeiter:	»Ich habe das Problem, dass ...«
Führungskraft:	»Ach, ich weiß, was da hilft. Machen Sie doch mal ...!«
Mitarbeiter:	»Das habe ich schon versucht. Das funktioniert nicht!«
Führungskraft:	»Dann kann es nur noch das ... sein.«
Mitarbeiter:	»Nee, das ist es auch nicht!«
Führungskraft:	»Ja, dann weiß ich auch nicht!«
Mitarbeiter:	»Dann müssen wir das wohl lassen!«
Führungskraft:	»Wissen Sie was, geben Sie mal her. Ich kümmere mich selbst darum!«

Passen Sie auf, dass nicht Sie »den Affen kriegen«. Führen Sie Ihren Mitarbeiter im Coaching überwiegend über Fragen. Leiten Sie ihn an, seine Lösung selbst zu finden. Nur wenn ihm gar nichts einfällt, können Sie ihm Ideen oder Lösungsvorschläge anbieten.

Tipp

Achten Sie im Coaching auf die 20-80-Regel. 20 Prozent reden Sie, 80 Prozent Ihr Mitarbeiter.

Kein Coaching ohne Ziel

Die neue Innendienstmitarbeiterin Maria soll ihre Telefonkompetenz verbessern. Ihre Chefin Lisa setzt sich neben sie und sagt: »Na, dann legen Sie mal los. Schauen wir mal, was Sie besser machen müssen.« Maria ruft die ersten fünf Kunden an, doch von Anruf zu Anruf steigt ihre Unsicherheit. Die Gespräche werden immer schlechter, sie verhaspelt sich, verliert den Faden, lässt sich abwimmeln, erreicht nichts. Als ein Kunde sie auch noch persönlich angreift, bricht sie in Tränen aus.

So erreicht man sicher das Gegenteil. Die Lern- und Entwicklungsbereitschaft dieser Mitarbeiterin ist zerstört, und ab jetzt wird sie jedes Coaching ablehnen. Was ist hier schiefgelaufen? Weder die Mitarbeiterin noch die Chefin hatten eine klare Vorstellung darüber, woran sie in diesem Coaching arbeiten wollten. Sie hatten kein klares Coaching-Ziel.

Für jeden Coaching-Tag, für jede Coaching-Sitzung sollten Sie mit Ihrem Mitarbeiter gemeinsam konkrete Tages-, Trainings-, Coaching-Ziele vereinbaren. Ohne Ziele kann das Ergebnis nicht erkannt werden. Sie als Coach wissen nicht, worauf Sie achten sollen, Ihr Mitarbeiter weiß nicht, woran er arbeiten soll. Halten Sie die Coaching-Ziele schriftlich fest. Das »zwingt« Sie und Ihren Mitarbeiter, sich über das gewünschte Ergebnis klar zu werden. Nur wenn Sie beide wissen, wohin die Reise gehen soll, können Sie am Schluss messen, ob sie angekommen sind. Konkrete Zielformulierung ist entscheidend für Coaching-Erfolge.

Ziele formulieren im Coaching

Entscheiden Sie gemeinsam mit Ihrem Mitarbeiter, an was er heute, in diesem Coaching, arbeiten will. Arbeiten Sie sehr genau und konkret heraus, was der Mitarbeiter verändern möchte, und vor allem: Wie genau soll die Veränderung aussehen, wenn sie erfolgreich war? Nehmen Sie sich ausreichend Zeit für die Zielformulierung.

Tipp

Klären Sie Coaching-Ziele schon am Tag vor dem Coaching.

Wenn die Coaching-Ziele am Tag vorher bekannt sind, kann Ihr Mitarbeiter sich darauf einstellen. Sie selbst können sich darauf vorbereiten und überlegen, wie Sie vorgehen, welche Fragen Sie stellen oder ob Sie Materialien wie zum Beispiel Visualisierungsunterstützung, Übungen oder Metaphern einsetzen wollen.

Tipp

Lassen Sie sich nicht von Verallgemeinerungen »vernebeln«.

Aussagen wie »Ich will besser werden«, »Ich will mehr verkaufen« oder »Ich will erfolgreicher sein« sind Wünsche, aber keine Coaching-Ziele. Inzwischen wissen Sie, wie Sie Ziele, wenn sie erreicht werden sollen, richtig formulieren. Im Coaching bedeutet das:

Spezifisch – konkret – positiv

(positiv bedeutet: klare Formulierung, was sein wird, nicht die Beschreibung dessen, was nicht mehr sein soll)

- Woran genau will der Mitarbeiter arbeiten?
- Was genau will er trainieren?
- Was sollte der Mitarbeiter aus Sicht des Vorgesetzten trainieren?
- Für was genau will der Mitarbeiter das Coaching nutzen?
- Wie genau soll das Ergebnis aussehen, wenn das Coaching erfolgreich war?
- Welche Unterstützung erwartet er von Ihnen als Coach?

Messbar

- Woran erkennt man, ob das Ziel erreicht ist?
- Woran erkennt man, dass das Coaching erfolgreich war?
- Woran merkt man, dass das neue Verhalten erfolgreich angewendet wird?

Attraktiv und anspruchsvoll

- Welchen Vorteil hat die Veränderung für den Mitarbeiter?
- Für wen (Abteilung, Kunden, Kollegen ...) ist es noch positiv, wenn der Mitarbeiter neues Verhalten anwendet?
- Welchen Preis muss er bezahlen, wenn er sein Verhalten ändert (zum Beispiel Verlassen seiner Komfortzone)?
- Will und kann er diesen Preis bezahlen?
- (Er-)Kennt er seine persönlichen Grenzen? Ist er bereit, diese zu überschreiten?

Realistisch

- Ist das Ziel wirklich an diesem einen Tag/in diesem Coaching zu erreichen?
- Teilen Sie große Ziele in kleinere Teilziele auf, das unterstützt die Motivation: maximal vier Ziele pro Coaching-Tag, maximal zwei Ziele pro Coaching-Sitzung von zwei Stunden.

Terminiert (betrifft den Zeitraum nach dem Coaching)

- In welchem (begrenzten) Zeitraum will der Mitarbeiter die Verhaltensänderung weiter trainieren?
- An welchen Zwischenterminen sollen Teilziele erreicht sein?
- Wie soll das kontrolliert werden?

So könnten Coaching-Ziele formuliert sein:

- Der Verkäufer will seine Abschlusstechnik verbessern. An diesem Coaching-Tag will er bei den nächsten fünf Kunden drei seiner vorbereiteten Abschlussfragen stellen.
- Die Mitarbeiterin im Vertriebsinnendienst will in ihren Kundenanrufen mehr Sie-Formulierungen anwenden. In diesem Coaching wird sie bei den nächsten fünf Kunden drei bis vier Sie-Formulierungen ausprobieren.
- Sie will bei den Kunden … in Erfahrung bringen. Dazu will sie die Fragen a, b und c stellen.
- Der Produktmanager will bei Präsentationen ruhiger auftreten. Dazu will er in dieser Coaching-Sitzung drei mögliche Rhetorikregeln üben.

Für die Formulierung der Coaching-Ziele verwenden viele Führungskräfte standardisierte Formulare. Diese beinhalten nicht nur die schriftlich formulierten Ziele, sondern dienen am Ende des Coachings auch dazu, die erreichten Ergebnisse festzuhalten und Vereinbarungen darüber zu dokumentieren, was der Mitarbeiter in der nächsten Zeit selbstständig üben wird, um das neu erlernte Verhalten in seinem Alltag zu festigen.

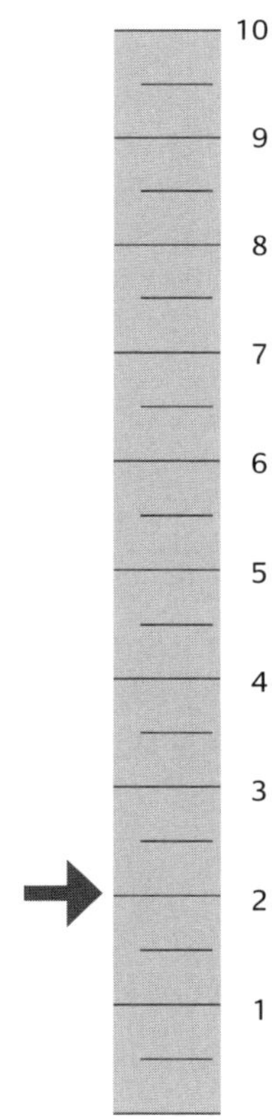

Ergebnisse messen

Für die Erfolgsmessung hat sich in der Praxis das Arbeiten mit einer Einschätzungsskala bewährt. Hier schätzt der Mitarbeiter seine Fähigkeiten oder Kenntnisse auf einer ganz persönlichen Skala ein. Was 0 oder 5 oder sogar 10 bedeutet, entscheidet er.

Nutzen Sie diese Skala zunächst bei der Zielfindung. Fragen Sie Ihren Mitarbeiter: »Wo schätzen Sie auf einer Skala von 0 bis 10 Ihr Können/Ihre Fähigkeiten jetzt ein?« 0 bedeutet gar kein Können/Wissen, 10 bedeutet absolutes Können/Wissen. Was absolutes Können ist, lassen Sie den Mitarbeiter entscheiden.

Um sicherzustellen, dass Sie beide von den gleichen Voraussetzungen ausgehen, hinterfragen Sie, was die Einschätzung des Mitarbeiters bedeutet, woran er diese Einschätzung festmacht.

Nützliche Fragen für die Einschätzung sind:

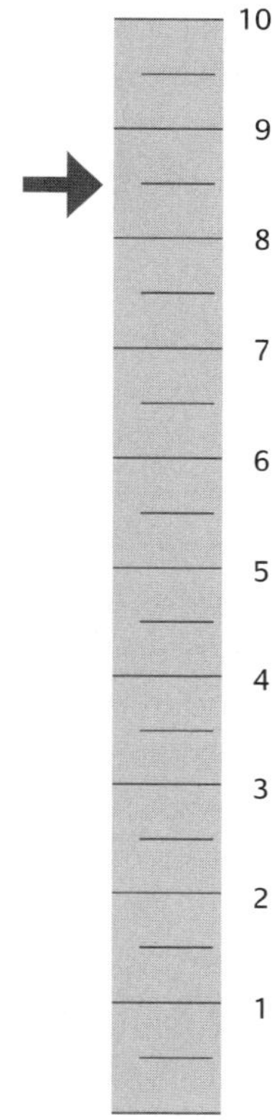

- Was bedeutet das?
- Wie sieht es aus, wenn Sie 7 erreicht haben?
- Was machen Sie dann anders?
- Was müsste geschehen, damit Sie dort hinkommen?
- Was müssten Sie tun, um da hinzukommen?
- Was fehlt Ihnen, um das zu erreichen? Was brauchen Sie?
- Bis wann möchten Sie dieses Ziel erreichen? (Realistisch!!!)
- Wo möchten Sie nach dem heutigen Coaching-Tag sein?

Geben Sie erst danach Ihre Einschätzung ab. Formulieren Sie dann Ihre Erwartungen. Erfragen Sie erst, was der Mitarbeiter tun kann oder will, bevor Sie Lösungen aufzeigen. Am Ende des Coachings setzen Sie die Einschätzungsskala wieder ein, um die Fortschritte zu messen. Fragen Sie Ihren Mitarbeiter:

- Wo auf der Einschätzungsskala sind Sie jetzt, nach dem Coaching?
- Was brauchen Sie noch, um weiter auf … zu kommen?
- Was müssten Sie dafür tun?
- Wollen Sie das tun?
- Was kann ich als Coach noch für Sie tun?

Praktische Coaching-Tipps im Überblick

- Kein Coaching ohne Auftrag. Coachen Sie nicht ungefragt. Holen Sie sich den Auftrag oder die Erlaubnis, zu coachen.
- Kein Coaching ohne Ziel. Lassen Sie Ihren Mitarbeiter erst seine Ziele formulieren. Führen Sie dann Ihre Erwartungen auf.
- Teilen Sie große Coaching-Ziele in kleine Teilziele. Verteilen Sie diese auf mehrere Coaching-Sitzungen.
- Arbeiten Sie mit einer Einschätzungsskala zu Beginn und zum Ende des Coachings.
- Tappen Sie nicht in die Vernebelungsfalle.
- Setzen Sie zeitliche Begrenzungen für das Coaching.
- Setzen Sie Termine für die nächste Ergebnismessung.

- Wenn Sie Mitarbeiter im Außendienst (Doppelbesuche) coachen, bearbeiten Sie pro Tag immer nur ein Thema.
- Führen Sie Ihre Coaching-Gespräche möglichst im Revier des Mitarbeiters (in seinem Büro, in seinem Auto).
- Treffen Sie Vereinbarungen über weitere Vorgehensweisen.

Für schnelle, kurze Entwicklungs- und Förderungsprozesse auf rein beruflicher Ebene können Sie als Führungskraft Coaching einsetzen. Coaching ist ein sehr mächtiges Werkzeug und sollte niemals »mal eben so nebenbei« durchgeführt werden. Um die Qualität Ihres Coachings auf ausreichend hohem Niveau zu halten, empfehlen wir Ihnen eine Coaching-Ausbildung für Führungskräfte. Auf jeden Fall sollten Sie selbst durch mindestens einen Coaching-Prozess gegangen sein, um nachzuvollziehen, was ein guter Coach geben und können muss. Für größere Coaching-Projekte, besonders wenn Entwicklungsblockaden des Mitarbeiters persönliche Gründe haben, raten wir zum Einsatz eines externen Coachs.

Das Kapitel auf einen Blick

- Coaching ist eine wichtige Führungsaufgabe und nicht delegierbar.
- Coaching hat Grenzen.
- Coaching basiert immer auf Freiwilligkeit.
- Coaching setzt Vertrauen auf beiden Seiten voraus.
- Seien Sie sich stets Ihrer Doppelrolle bewusst und verwischen Sie die Grenzen nicht.
- Mit Coaching können Sie Ihre Mitarbeiter zu Höchstleistungen anspornen.
- Coaching wird eingesetzt, wenn es um Verhaltensänderung, Lernen oder den Praxistransfer von Trainingsinhalten geht.
- Als Führungskraft dürfen Sie nur in beruflichen Themen coachen. Alle anderen Lebensbereiche sind für die Führungskraft als Coach tabu.
- Coaching setzt Respekt und Wertschätzung anderer, hohe soziale und emotionale Intelligenz voraus.
- Als Coach brauchen Sie Coaching-Methodenkompetenz.

Meine Mitarbeiter kenne ich nicht!

Das Führen unterschiedlicher Gruppen und Nationalitäten

Die Globalisierung wird ja oft von Unternehmen als eine »tolle Sache« propagiert. Grundsätzlich ist es sicher begrüßenswert, wenn wir alle ein wenig zusammenrücken. Doch als Führungskraft wird man auch mit neuen Problemen konfrontiert: vonseiten der ausländischen Mitarbeiter, aber auch öfter mal vonseiten der deutschen Mitarbeiter. Sprachprobleme, religiöse Rituale, Heimweh, Kulturunterschiede, Verunsicherung sind nur einige der Themen, die neue Mitarbeiter aus anderen Kulturkreisen mit sich bringen können; Ablehnung, Unverständnis, Arroganz, Ignoranz, Abwertung sind einige der Themen auf deutscher Seite. Ein multikulturelles Team zu führen, ist für jede Führungskraft eine Herausforderung. Und es kann nur funktionieren, wenn kein Ethnozentrismus besteht.

Wie wir es machen, ist immer richtig!

Omar versteht die Welt nicht mehr. In seiner Heimat Marokko war er als Ingenieur mit Hochschulstudium anerkannt. Leider gab es keine Jobs. Endlich hat er in Deutschland Arbeit gefunden und brennt darauf, seine Ideen auch hier gewinnbringend für das Unternehmen einzubringen. Er ist dankbar und will etwas beitragen. Seine Deutschkenntnisse sind gut, daran hat er gearbeitet, doch immer wieder werden seine Ideen vom Teamleiter abgeschmettert mit den Worten: »In Deutschland machen wir das aber anders, denn so ist es richtig.«

Sie fragen sich jetzt wahrscheinlich, was »Ethnozentrismus« bedeutet. Dieser Begriff ist auf den US-Soziologen William Graham Sumner zurückzuführen, der ihn 1906 in seinem Buch »Folkways« so definierte: »Ethnozentrismus ist der Fachausdruck für jene Sicht der Dinge, in welcher die eigene Gruppe der Mittelpunkt von Allem ist und alle anderen mit Bezug darauf bemessen und bewertet werden.« Manche würden sicherlich sagen, im ausgeprägtesten Fall ist es auch eine Vorstufe zu Rassismus.

Als Führungskraft müssen Sie hier ein gutes Vorbild sein, indem Sie die Nationalität, Mentalität und Religion des ausländischen Mitarbeiters respektieren und bis zu einem gewissen Maße auch tolerieren. Zeigen Sie Interesse für die Andersartigkeit und suchen Sie nach Synergien statt nach Unterschieden. Unterschätzen Sie nicht, dass sich Führungskulturen länderbezogen unterscheiden. Was für einen deutschen Mitarbeiter normal ist, ist vielleicht für einen ausländischen Mitarbeiter ein absoluter Fauxpas. Ein asiatischer Mitarbeiter würde einem Vorgesetzten zum Beispiel nicht signalisieren, etwas nicht verstanden zu haben, denn das würde bedeuten, der Vorgesetzte hätte eine schlechte Erläuterung geliefert. Oder scheint »keinen Plan« zu haben. Und das könnte ja zu einem Gesichtsverlust für den Vorgesetzten führen. Auch wenn es nur zwei Anwesende im Raum gibt!

Wenn möglich, versuchen Sie im Vorfeld etwas über die Führungskultur im Heimatland Ihrer Mitarbeiter herauszufinden, und überlegen Sie, wie Sie das entsprechend adaptieren können.

Anmerkung

So wie es anfängt, hört es auch auf …

Bereiten Sie Ihr Team auf neue ausländische Mitarbeiter vor. Sprechen Sie mit ihnen über mögliche Ängste und Probleme, die am Anfang auftreten könnten. Stellen Sie den neuen Mitarbeitern, wenn möglich, für die Anfangszeit einen Mentor zur Seite, der sie einarbeitet und einführt.

Anmerkung

»Stereotyp plus Bewertung ergibt Vorurteil« (Lippman 1922).

Da es am Anfang oft Sprachprobleme geben kann, stellen Sie sicher, dass wichtige betriebliche Vorgänge auch visuell dargestellt werden. Ein Bild sagt bekanntlich mehr als tausend Worte! Und das in jeder Sprache. Das vereinfacht das Verstehen. Vielleicht haben Sie ja auch schon ausländische Mitarbeiter, die Ihnen bei der entsprechenden Übersetzung helfen können. Außerdem sollte der neue Mitarbeiter so schnell wie möglich einen Sprachkurs besuchen. Vielleicht bietet Ihr Unternehmen ja sogar welche an. Machen Sie sich schlau.

> **Tipp**
>
> Rassistische Äußerungen sollten Sie nie dulden und gegebenenfalls sofort sanktionieren.

Aber Vorsicht: Bleiben Sie dabei immer fair! Wenn es Anlass zu Kritik gibt, dürfen Sie keine Unterschiede zwischen inländischen und ausländischen Mitarbeitern machen. Und Sie dürfen auch niemanden bevorzugen. Gerade einheimische Mitarbeiter können da sehr empfindlich reagieren.

Wie schon gesagt, multikulturelle Teams sind eine Herausforderung, aber sie bieten auch viele Vorteile: mehr Lösungsansätze durch unterschiedliche Sichtweisen, kreativen Austausch von Ideen und Erfahrungen, Wettbewerbsvorteile durch multikulturelles Know-how und vieles mehr.

Führen ohne wirklichen Sichtkontakt

Was, wenn Sie Ihre Mitarbeiter noch nie gesehen haben? Einer unserer Kunden, ein großer internationaler Verlag, beschäftigt 500 Inder, die von Indien aus arbeiten. Ihre Aufgabe ist primär das Beheben von Software- und Schnittstellenproblemen. IT-Unternehmen arbeiten schon lange mit Entwicklerteams im Ausland zusammen, zum Beispiel in Polen, Asien oder Russland. Ein britischer Dienstleister nutzt indische Assistentinnen, die die gesamte Korrespondenz und Organisation von Reisen, Konferenzen bis hin zu Restaurantreservierungen erledigen. Und das, ohne jemals vor Ort gewesen zu sein. Schon eine verrückte Welt!

Virtuelle Zusammenarbeit ist der Weg der Zukunft

Diese neue Art des Arbeitens ist mittlerweile ziemlich verbreitet. In einer Umfrage der *WirtschaftsWoche* unter den rund 160 in Deutschland börsennotierten Unternehmen gaben die Befragten an, dass, unabhängig von Branche und Größe, die virtuelle Zusammenarbeit für sie eine »wachsende Rolle« (64 Prozent) oder bereits eine »bedeutende Rolle« (36 Prozent) spielt. Tendenz steigend. Geschäftstätigkeiten, die zukünftig immer mehr abteilungs- und länderübergreifend werden, erfordern eine permanente Entscheidungsbereitschaft und lückenlose Kommunikation. Also frischen Sie Ihr Englisch auf und lernen Sie mit der entsprechenden Technik umzugehen. Wenn Sie nicht bereit sind, über den Tellerrand zu schauen, wird man Sie zurücklassen! Wer virtuelle Teams führt, kann dies nur dank der Neuen Medien tun. Chatten, Skypen, Videokonferenzen sind da an der Tagesordnung. Mehr Informationen zur Arbeit mit diesen Neuen Medien finden Sie im nächsten Kapitel.

Außerdem liegen die Arbeitszeiten nicht mehr im deutschen Normbereich, da man ja mit den Mitarbeitern zu deren Arbeitszeiten kommunizieren muss. Wer hier als Führungskraft nicht flexibel, weltoffen und lernwillig ist, sitzt auf jeden Fall auf dem falschen Stuhl.

Tipp

Wenn Ihnen also ein solcher Job angeboten wird, überlegen Sie sich gut, ob dieser zu Ihrer Persönlichkeit passt, denn sonst werden Sie garantiert unglücklich werden.

Um herauszufinden, ob Sie als »virtuelle Führungskraft« geeignet sind, sollten Sie sich auf jeden Fall im Vorfeld folgende Fragen stellen:

- Sind meine Englischkenntnisse entsprechend, oder bin ich bereit, einen Englischkurs zu machen?
- Wie sieht es aus mit meiner Technikaffinität? Bin ich bereit, schnell dazuzulernen?
- Kann ich mir vorstellen, Menschen zu führen, die ich eventuell nie »live« sehen werde?
- Bin ich bereit, auch außerhalb der normalen Arbeitszeiten mobil erreichbar zu sein?
- Kann ich schnell Entscheidungen treffen?
- Habe ich Interesse an anderen Arbeitskulturen, und bin ich bereit, mich entsprechend darauf einzustellen?
- Kann ich Mitarbeiter »an der langen Leine« arbeiten lassen, oder brauche ich räumliche Nähe zu meinen Mitarbeitern?
- Bin ich bereit, Mitarbeitern ihren eigenen Arbeitsstil zu erlauben, wenn das Gesamtergebnis stimmt?
- Kann ich auch virtuell klar kommunizieren, oder bin ich besser im Vieraugengespräch?

- Bin ich bereit, häufiger zu vereisen, und kann ich mir vorstellen, auch im Zug oder Flugzeug konzentriert zu arbeiten – egal, ob permanent Handys mit unterschiedlichen Zwischentönen dazwischenfunken und mein Sitznachbar die letzte Betriebsversammlung in seinem Unternehmen lautstark telefonisch kommentiert?

Vertrauen ist auch hier das A und O

Um Mitarbeiter gut zu führen, braucht man immer auch Vertrauen. Das ist in virtuellen Teams schwer aufzubauen. Deswegen sollten Sie, wenn möglich, auch diese Mitarbeiter ein- bis zweimal im Jahr persönlich sehen. Beziehungen lassen sich nun mal nicht nur schriftlich aufbauen. Da bleibt viel zu viel Raum für Missverständnisse. Sicherlich sind Webkonferenzen ein guter Mittelweg, aber nichts ersetzt gemeinsame Erlebnisse. Auch das Telefon kann eine Alternative zur E-Mail bieten, besonders bei heiklen Themen oder »schriftlichen Zwischentönen«.

Tipp

Wenn eine E-Mail oder SMS für Sie »mit falschen Emotionen« gespickt ist, greifen Sie zum Hörer und rufen Sie an.

Sind Männer und Frauen doch nicht gleich?

Selbst in der Medizin ist mittlerweile angekommen, dass Frauen und Männer unterschiedlich sind. Medikamentenstudien, die mit männlichen Patienten durchgeführt wurden, sind nur bedingt repräsentativ, wenn es um Frauen geht. Und genauso ist es im Führungsalltag. Frauen ticken nun einmal anders als Männer, und auch wenn es mittlerweile viel Literatur zum Thema »Weibliche Führungskräfte« gibt, so gibt es doch sehr wenig zum Thema »Wie führe ich Frauen?«.

Was ist also zu beachten? Als Erstes sollten Sie sich klarmachen, dass viele Frauen einer doppelten oder dreifachen Belastung ausgesetzt sind. Neben ihrem Beruf müssen sie sich oft auch noch um Haushalt und Kinder kümmern. Der »emanzipierte Mann« ist zwar langsam auf dem Vormarsch, aber in gewissen sozialen Schichten oder Altersgruppen noch gar nicht oder kaum vorhanden. Das heißt, als Führungskraft sollten Sie das bei Ihrer Aufgabenverteilung und Planung berücksichtigen. Auch wenn Frauen nach dem Gesetz ihren männlichen Kollegen gleichgestellt sind, so steht hinter einem erfolgreichen und allseits verfügbaren Mann und Familienvater oft eine tüchtige Frau, die den Haushalt schmeißt und die Kinder betreut. Daher sind gerade Teilzeitmodelle oder flexible Arbeitszeiten für Frauen von Interesse.

Was aber nicht bedeuten soll, dass es nicht auch Frauen gibt, die sich der Karriere verschrieben haben. Doch gerade bei jüngeren Akademikerinnen ist die Tendenz erkennbar, dass Nichtvereinbarkeit von Familie und Beruf ein K.-o.-Kriterium bei der Auswahl eines potenziellen Arbeitgebers sein kann. Und in Anbetracht des immer größer werdenden Fachkräftemangels ist es für Unternehmen und Führungskräfte Zeit, umzudenken und entsprechende familienfreundliche Angebote, wie zum Beispiel Betriebskrippen, Home Office, Teilzeitmodelle, anzubieten.

Dass Frauen meistens gute Kommunikatoren sind, weiß mittlerweile fast jedes Kind. Das bedeutet aber auch, dass sie Wert auf das Gespräch legen und gehört werden wollen. Wenn Sie Ihre Abteilung erfolgreich mit einem Anteil an Mitarbeiterinnen führen wollen, bleibt Ihnen nichts anderes übrig, als immer wieder das Gespräch zu suchen. Gehen Sie nicht davon aus, dass »Frau« schon kommt, wenn sie was will. Frauen sind selten Alpha-Tiere, sondern eher gute Teamspieler.

Frauen wollen nicht verletzend sein

Sandra ärgert sich schon lange über ihre Kollegin. Immer wieder wälzt diese Arbeit auf Sandra ab, und statt ihr mal zu sagen: »Schluss jetzt, mach deinen Kram selbst«, macht sie immer gute Miene zum bösen Spiel. Als sie den Chef einmal alleine erwischt, muss sie ihren Frust loswerden. Dieser ist total erstaunt ob der Heftigkeit ihrer Reaktion.

Das Harmoniebedürfnis von Frauen verschärft oft Gruppenkonflikte, da Konflikte nicht ausgetragen, sondern »in sich hineingefressen« werden – und das, obwohl Frauen gerne kommunizieren. Höchstens mit den »lieben Kolleginnen«, die ihr Sympathie entgegenbringen, spricht »Frau« über Konflikte. Diese schwelen somit oftmals über einen längeren Zeitraum in der

Gruppe, und es können sich massive Fronten bilden. Das kann zu längeren Krankheitsausfällen und im Extremfall zu Mobbing führen.

Tipp

Sprechen Sie schwelende Konflikte zeitnah an (maximal nach 48 Stunden).

Daher ist es an Ihnen, mögliche Konflikte zeitnah zu thematisieren. Wenn die Protagonistinnen Ihnen bekannt sind, bringen Sie sie an einen Tisch und klären Sie das Thema schnell! Im Notfall holen Sie sich einen externen Coach oder Mediator, bevor Ihr Team »arbeitsunfähig« wird und es zu persönlichen Verletzungen kommt. Frauen sind emotionale Wesen, und Sie tun gut daran, wenn Sie lernen, sich diesen Emotionen zu stellen.

Und wenn mein Mitarbeiter doppelt so alt ist wie ich?

Aus eigener (leidvoller) Erfahrung wissen wir, wie schwierig es sein kann, Menschen zu führen, die um einiges älter sind als man selbst. Die Probleme sind da meistens schon programmiert. Ist ja zum Teil auch verständlich, besonders aus Sicht des älteren Mitarbeiters. Schließlich hat dieser wahrscheinlich nicht um einen »jungen« Vorgesetzten gebeten. Vielleicht hat er gedacht, er wäre selbst ein Kandidat für den Posten. Auf jeden Fall hat er mehr Erfahrung als der oder die Neue. Von den neumodischen Ideen ganz zu schweigen, die jemand in dem Alter mitbringt. Am besten frisch von der Uni …

Da kommt auf jeden Fall einiges auf Sie zu. Nicht zu vergessen der Typ älterer Mitarbeiter, der das Ganze eher mütterlich oder väterlich angeht und Ihnen immer mit Rat und Tat zur Seite steht. Egal, ob Sie danach gefragt haben oder nicht. Manche älteren Mitarbeiter haben auch Angst vor den ständigen Veränderungen und dass sie schon »zum alten Eisen« gehören könnten und vielleicht bald ausgetauscht werden. Was ja auch oft genug passiert … Häufig sind das Mitarbeiter, die schon viele Jahre im Unternehmen sind. Sie haben schon einiges erlebt und, je nachdem, so manche Führungskraft kommen und gehen sehen. Und jetzt kommen Sie …

Was Sie auf jeden Fall brauchen, ist ein gewisses Maß an Fingerspitzengefühl, denn diese Mitarbeiter stellen meistens eine unschätzbare Ressource für Sie dar. Und da sie absolute »Insider« sind, wäre es falsch, sie zum Feind zu machen, etwa durch wilden Aktionismus, fehlende Wertschätzung oder abwertende Kommentare bezogen auf Leistungsfähigkeit oder Alter.

Erstellen Sie eine Ressourcenliste bezogen auf Ihre älteren Mitarbeiter. So sehen Sie auf einen Blick, welcher Mitarbeiter Ihnen bei zukünftigen Aufgabenstellungen eine wertvolle Ressource sein kann.

Ressourcenliste: Wer bringt was mit?

Name	Alter	Betriebszugehörigkeit	Besondere Kenntnisse/Netzwerke	Einbinden bei …
Harald Meyer	58	22 Jahre	hohe soziale Kompetenz, aktiv als Jugendsportleiter	Mentor für Berufsanfänger

Vergessen Sie nicht: Sie sind der oder die Neue und um einiges jünger. Das heißt nicht, dass Sie »tiefstapeln« sollen, aber bringen Sie Ihrem Gegenüber den entsprechenden Respekt entgegen. So, wie Sie es wahrscheinlich von Ihren Eltern gelernt haben.

Das neue System ist so viel besser als das alte

Holger ist total begeistert von dem neuen Softwareprogramm zur Erfassung aller Bestellungen: »Sie werden sehen, das alte System ist einfach Steinzeit im Vergleich zu diesem Programm. Statt mit einem alten Laster zu fahren, fahren Sie jetzt einfach einen Ferrari, schnell und schnittig.« Die entsetzten Gesichter seiner Mitarbeiter nimmt er kaum zur Kenntnis, und den skeptischen Kommentar des langjährigen Mitarbeiters Herrn Zimmermann bügelt er mit den Worten ab: »Auch in Ihrem Alter brauchen Sie keine Angst vor einem Ferrari zu haben!«

Hören Sie älteren Mitarbeitern zu, ohne sie gleich zu bewerten. Besonders wenn Sie etwas Neues einführen wollen, sollten Sie nicht die Schwächen des »Alten« hervorheben. Würdigen Sie bereits Geleistetes und holen Sie ältere Mitarbeiter ins Boot, indem Sie sie um ihre Meinung und gegebenenfalls auch um Rat fragen. Stellen Sie aber auch klar, wenn Sie sich für einen anderen Weg entscheiden. Damit vermeiden Sie spätere Enttäuschungen.

Besonders bei Kritik- und Jahresgesprächen sollten Sie sich gut vorbereiten und alle thematisierten Punkte mit konkreten Beispielen unterfüttern können. Ältere Mitarbeiter haben schon so manches Gespräch dieser Art geführt und haben Ihnen da einiges voraus. Das könnte unangenehm für Sie werden. Besonders bei Kritikpunkten ist eine gründliche Vorbereitung wichtig, da das Ihnen die Sicherheit geben wird, die Sie eventuell bei einer drohenden Eskalation brauchen. Weitere Tipps zu Mitarbeitergesprächen finden Sie auf Seite 78 (»Mitarbeitergespräch: Wie sage ich es meinem Mitarbeiter?«).

Sollte es aufgrund des Alters eines Mitarbeiters zu gesundheitlichen Problemen kommen, etwa Schwierigkeiten bei körperlich anstrengenden Arbeiten, zu langes Stehen oder Sitzen, dann bieten Sie alternative Arbeiten an. Klären Sie aber vorher mit dem Betriebsrat und der Personalabteilung ab, ob eine Arbeitsplatzänderung problemlos möglich ist, und besprechen Sie das dann entsprechend einfühlsam mit dem Mitarbeiter, denn der will bestimmt nicht hören: »Sie scheinen doch mittlerweile zu alt für diese Tätigkeit zu sein.« Je nachdem, ziehen Sie auch den Betriebsrat oder den Personalverantwortlichen hinzu.

Ich bin doch kein Lehrer – Das Arbeiten mit Auszubildenden

Junge Menschen nehmen in einem Unternehmen immer eine Sonderstellung ein. Sie sind neu in der Arbeitswelt, unerfahren und stecken noch in einer »Selbstfindungsphase«. Ihr Verhalten ist oft kryptisch und manchmal auch unberechenbar. Wahrscheinlich waren Sie in dem Alter auch nicht anders, oder? Manche denken, sie wissen schon alles, andere sind schüchtern und unsicher. Manche faul, unpünktlich und rebellisch, andere extrem bemüht und übereifrig. Eins haben sie alle gemeinsam: Sie brauchen ein gehöriges Maß an Aufmerksamkeit und auch Anerkennung.

Auszubildende genießen durch besondere Verträge und Auflagen vonseiten des Gesetzgebers einen besonderen Schutz. Die genauen rechtlichen Rahmenbedingungen finden Sie im Berufsbildungsgesetz (BBiG). Und Sie als Führungskraft sind dafür verantwortlich, dass dieser Schutz auch gewährleistet wird und diese jungen Menschen die Ausbildung erhalten, die ihnen vertraglich zugesichert wurde.

Viele Führungskräfte beschweren sich, dass Auszubildende von den Schulen nur unzureichend auf die Arbeitswelt vorbereitet werden: »Der kann ja noch nicht mal rechnen.« Oft fehlen rudimentäre Kenntnisse in Mathematik oder Grammatik. Viele haben auch Probleme mit sogenannten Transferleistungen, sprich, wie man die Theorie in die Praxis umsetzt. Das kann einem schon den letzten Nerv rauben, wenn man erst dort nachbessern muss, bevor man mit der eigentlichen (Ausbildungs-)Arbeit beginnen kann.

Oft wird auch bemängelt, dass gerade Jugendliche einen hohen Anspruch an das Unternehmen haben, ohne »selbst je etwas geleistet zu haben.« Ganz zu schweigen von den Smartphones, die bei vielen ununterbrochen mit Nachrichten in Form von SMS oder Posts gefüttert werden. Der Datenschutz bleibt auf der Strecke, und Firmeninternas sind schneller im Netz, als Sie Stopp sagen können. Die Aufmerksamkeitsspanne scheint sich verkürzt zu haben, ganz klar erschwerte Bedingungen für jede Führungskraft.

Firmeninternas zum Abendessen

Claudia bleibt der Mund offen stehen, als ihre Tochter während des Abendessens, offensichtlich amüsiert, darüber berichtet, »was für ein Depp« der Ausbildungsleiter ihrer Freundin Jenni ist. Und dass Abteilungsleiter Herr Richter ja hinter allem her ist, was einen Rock trägt. Es hätte auch schon viele negative Kommentare auf Facebook dazu gegeben. Jenni ist Auszubildende in Claudias Firma ...

Egal, welches Problem Sie mit einem Auszubildenden haben, erst einmal müssen Sie ein wenig Ursachenforschung betreiben, bevor Sie zur Lösung schreiten. Wenn Sie Glück haben, erzählt der Auszubildende Ihnen selbst, was das Problem ist, oder Sie müssen sich eventuell in der Berufsschule oder bei den Eltern informieren. Die unterschiedlichen Probleme lassen sich meistens in die folgenden Kategorien einordnen:

Überforderung: Reden Sie mit dem Ausbildungsleiter, wer den Auszubildenden hier besonders unterstützen kann.

Unterforderung: Geben Sie dem Auszubildenden ein Sonderprojekt, für das er besondere Begeisterung zeigt, zum Beispiel eins im Social-Media-Bereich.

Desinteresse: Setzen Sie klare Grenzen, welches Verhalten toleriert wird und welches nicht. Bei anhaltendem Desinteresse können Sie im Extremfall auch den Ausbildungsvertrag während der Probezeit aufkündigen. Nach der Probezeit brauchen Sie einen schwerwiegenden Kündigungsgrund. Also lassen Sie solche Dinge nicht schleifen.

Probleme zu Hause oder mit der Freundin/dem Freund: Zeigen Sie Verständnis. Aber auch hier ist es wichtig, dem Auszubildenden zu vermitteln, dass die Arbeitszeit davon nicht tangiert werden darf.

Pubertät: Hier heißt es starke Nerven behalten, immer wieder klare Ansagen machen und dabei auch konsequent bleiben. Es ist mittlerweile wissenschaftlich belegt, dass während der Pubertät ein heilloses Durcheinander im Gehirn herrscht und sich die kleinen grauen Zellen neu strukturieren. Nicht nur neuronal, sondern auch anatomisch wird das Teenagergehirn sozusagen runderneuert.

Probleme mit anderen Auszubildenden: Bei Konflikten holen Sie sich die Konfliktparteien erst einzeln und dann gemeinsam an einen Tisch. Droht Mobbing, müssen Sie disziplinarisch einschreiten.

Mangelnde Disziplin: Hier ist es wichtig, klare Regeln aufzustellen und Grenzen zu setzen. Nehmen Sie Grenzüberschreitungen und Regelverstöße nicht konsequenzlos hin. Das schwächt Ihre Autorität. Wichtig ist dabei aber, dem Auszubildenden zu signalisieren, dass es lediglich um sein Fehlverhalten geht und nicht um ihn als Person. Behandeln Sie Auszubildende mit Respekt, und seien Sie ein Vorbild in puncto Disziplin. Die schauen nämlich genau hin, und jede Nichterfüllung wird sofort registriert: »Sie kommen ja auch immer zu spät.« Sie sollten jemand sein, zu dem der Auszubildende aufschauen kann und dem er im Idealfall nacheifern möchte.

Tipp

Zeigen Sie ehrliches Interesse an Ihren Auszubildenden. Finden Sie heraus, was sie interessiert, welche besonderen Fähigkeiten sie haben und womit sie ihre Freizeit verbringen.

Warum wissen die immer alles besser? – Mögliche Probleme mit »Spezialisten«

Es gibt zwei Sorten von Spezialisten: diejenigen, die zu allem und jedem eine Meinung haben, und diejenigen, die es wirklich am besten wissen. Und das auch noch mit Fakten untermauern können. Die erste Kategorie geht Ihnen wahrscheinlich immer mal wieder auf den Geist: »Kann der nicht einfach mal die Klappe halten!« Die andere Kategorie flößt Ihnen vielleicht gehörigen Respekt ein. Der beste Umgang mit Kategorie 1 ist, jemanden von Kategorie 2 dazuzurufen. Der regelt das dann schon. Der richtige Umgang mit Kategorie 2 ist schon etwas komplexer.

Auch hier ist ein gewisses Fingerspitzengefühl gefragt. Diese Mitarbeiter heben sich von den anderen Mitarbeitern ab, und das kann zu Spannungen führen. Schärfen Sie Ihre Antennen für solche Spannungen und thematisieren Sie diese zeitnah. Wahrscheinlich sind Mitarbeiter der Kategorie 2 auch fachlich besser qualifiziert als Sie. Und die wissen das auch. Das kann zu einer gewissen Arroganz des Spezialisten führen – oder zu fehlender Akzeptanz Ihrer Führungsposition. Wenn dem so ist, sollten Sie in einem Vieraugengespräch klären, dass Sie die Fachkompetenz des Spezialisten schätzen, aber Respektlosigkeiten Ihnen gegenüber nicht dulden werden.

Spezialisten sind meistens Einzelgänger und lassen sich ungerne »reinreden«. Binden Sie diese Mitarbeiter auf jeden Fall so früh wie möglich in Projekte ein und vereinbaren Sie regelmäßige Statusmeetings, in denen Sie der Mitarbeiter auf den neuesten Stand bringt. Ansonsten sollten Sie diesen Mitarbeitern einen größeren Freiraum lassen. Sie sollten eigenverantwortlich ihre Aufgaben erledigen können, da sie sich ungerne über die Schulter schauen lassen. Und stellen Sie sicher, dass sie auch die Anerkennung bekommen, die ihnen für ihre Leistung zusteht: »Ohne Ihr Know-how hätten wir das nicht so schnell hingekriegt. Danke.« Gerade Spezialisten sind sehr empfindlich und ähneln manchmal einer Primadonna. Wenn sie sich nicht anerkannt und unterstützt fühlen, wechseln sie schneller den Arbeitgeber, als Ihnen lieb sein kann. Und Spezialisten sind heutzutage auf dem Markt sehr begehrt.

Es kann auch sinnvoll sein, den Spezialisten zum Berater für gewisse Themen zu machen. Damit wird sein Spezialistentum öffentlich, und er kann Sie entlasten, indem andere Mitarbeiter ihn als Spezialisten zurate ziehen. Wichtig ist auch hier wieder, dass Sie regelmäßig informiert werden, welche Themen derzeit wie im Team bearbeitet werden.

Das Kapitel auf einen Blick

- Stellen Sie gute Kontakte zwischen ausländischen und einheimischen Mitarbeitern her und suchen Sie nach Synergien statt nach Unterschieden.
- Virtuelle Zusammenarbeit ist der Weg der Zukunft.
- Vertrauen ist auch in virtuellen Teams wichtig.
- Für viele Frauen ist die Nichtvereinbarkeit von Familie und Beruf ein K.-o.-Kriterium.
- Frauen brauchen das Gespräch, um sich wohlzufühlen.
- Ältere Mitarbeiter sind selten begeistert von jungen Vorgesetzten.
- Langjährige Mitarbeiter sind oft eine unschätzbare Ressource für Sie.
- Die Arbeit mit Auszubildenden kostet Nerven und Zeit.
- Spezialisten lassen sich ungerne über die Schulter schauen.

Smartphones, Tablets, Cloud Computing

Arbeiten in der globalen Welt

Wer in einem Unternehmen arbeitet, das international tätig ist, arbeitet in einer globalen Welt. Neue Medien und Technik gehören zu Ihrem Handwerkszeug wie der Hammer zum Zimmermann. Diese Medien verändern die Arbeitswelt und den Arbeitsplatz in einem immer höheren Tempo, und nur derjenige, der sich diesen Medien auch öffnet, kann in der globalen Welt bestehen. Wilhelm Bauer vom Fraunhofer Institut für Arbeitswirtschaft und Organisation in Stuttgart sagte kürzlich: »Die Technologiesprünge der letzten zwei, drei Jahre haben zur massiven Ausbreitung des mobilen Arbeitskonzepts beigetragen. Technologie ist die Voraussetzung und Treiber dieser Entwicklung zugleich.«

Gerade als Führungskraft können Sie sich den Luxus der Verweigerung nicht mehr lange leisten. Das könnte auf Kosten Ihres Unternehmens gehen – nicht nur am Markt und bei den Kunden, sondern auch bei der sogenannten Generation Y. Junge Talente, die mit dem Internet aufgewachsen sind, möchten mobil und digital vernetzt arbeiten. Und wenn Sie diese Möglichkeiten nicht bieten, hat die Konkurrenz wahrscheinlich die besseren Karten bei den so begehrten Nachwuchskräften.

Neue Medien – Ein Segen oder doch Geißel der Berufstätigen?

Smartphones, Internet, Laptops, Tablet-PCs, Datenwolken … Technik hat uns alles in allem produktiver gemacht als je zuvor. Deutsche Arbeitnehmer sind heute zweieinhalb Mal so produktiv wie 1970. Somit braucht man sich die Frage nicht mehr zu stellen, warum so viele Unternehmen immer mehr Geld in Technik stecken. Produktivitätssteigerung ist hier das Zauberwort, Kostenersparnis folgt gleich dahinter.

Gleichzeitig soll der Mitarbeiter flexibler, was Zeit und Ort angeht, arbeiten können. Das klingt doch super! Oder nicht? Was selten erwähnt wird: Man erwartet auch, dass der Mitarbeiter überall arbeitet, immer erreichbar ist und eine schnelle Reaktionszeit an den Tag legt. Die gute alte Post hat immer für einen Puffer von ein paar Tagen gesorgt. Im Notfall ging auch mal was dabei verloren … Das kennen Sie vielleicht noch. Bei E-Mails erwartet man eine schnelle Antwort – spätestens am Ende des Tages, was bei vielen international tätigen Unternehmen schon zu spät sein kann. Und dass eine E-Mail im Spam gelandet ist, glaubt man Ihnen nur einmal, schließlich kann man Spamfilter entsprechend einstellen.

Die Erwartungen sind hoch, besonders an Sie als Führungskraft, denn schließlich liegen viele Entscheidungen bei Ihnen. Und da ist es egal, ob Sie im Zug sitzen oder am eigenen Schreibtisch. Die mobile Technik macht es möglich, selbst auf der Toilette noch erreichbar zu sein.

Ewige Erreichbarkeit im lokalen und globalen Universum

Viele Führungskräfte haben andauernd leere Akkus im Smartphone. Warum? Weil sie die Dinger nie ausstellen!

Eigentlich waren sie nur zu viert …

Endlich hat es mal wieder geklappt, dass sich Jochen und seine Frau mit alten Freunden treffen und gemütlich zu Abend essen bei einem guten Italiener. Der Abend wäre richtig schön gewesen, wenn sich da nicht ewig »der Fünfte« zu Wort gemeldet hätte. Mit einem leisen Vibrationssound machte er sich alle 20 Minuten bemerkbar, und beim dritten Mal war die Stimmung am Tisch schon ziemlich im Keller …

Ein vernünftiges Maß beim Einsatz mobiler Geräte scheint für viele Menschen schwierig. Besonders Führungskräfte meinen, Sie müssten immer erreichbar sein. Das Smartphone bleibt an, E-Mails werden um 23 Uhr noch vom heimischen Schreibtisch aus beantwortet. Besonders gefährdet sind Chefs, die meinen, ohne sie bricht der Laden zusammen.

Doch bedenken Sie, welchen Druck Sie bei Mitarbeitern auslösen, wenn Sie Ihnen nachts noch E-Mails schicken, außer der Mitarbeiter sitzt in einer anderen Zeitzone.

Tipp

Legen Sie Zeiten fest, bis wann Sie telefonisch auf dem Handy erreichbar sind, und kommunizieren Sie das entsprechend bei Ihren Mitarbeitern. Wochenenden und Urlaube sollten generell tabu sein.

Kann man mit Neuen Medien ressourcenschonend umgehen?

Jeder Telefonanruf, jede E-Mail führt zu einer Unterbrechung in Ihrem Tagesablauf. Zu wenig Auszeit von der ununterbrochenen Unterbrechung kann krank machen. Es belastet langfristig Psyche und Gesundheit. Die Technik ist unbegrenzt beschleunigbar, der Mensch nicht, sagt Zeitforscher Geißler.

Neue Medien sind toll. Sie sparen Zeit, sie fressen aber auch Zeit und manchmal Nerven. Da heißt es: Ressourcen schonen. Wie das gehen kann? Hier ein paar Tipps:

- Machen Sie nichts schriftlich, was auch telefonisch erledigt werden kann.
- Richten Sie feste »Erreichbarkeitszeiten« ein.
- Schalten Sie Ihr Handy ab einer gewissen Uhrzeit ab.
- Nutzen Sie Ihr privates Handy nicht auch beruflich, das verleitet nur dazu, es auch an Wochenenden anzulassen.
- Nehmen Sie Ihr Firmenhandy nicht mit in den Urlaub.
- Beantworten Sie E-Mails nur zu bestimmten Zeiten und checken Sie nicht permanent den Eingangskorb.

Der gläserne Mitarbeiter – Firmen scannen das Web

Wenn man an gläserne Mitarbeiter denkt, denkt man meistens an Bespitzelung am Arbeitsplatz. Doch das World Wide Web macht es möglich, auf legalem Wege Informationen über Mitarbeiter und potenzielle Mitarbeiter zu sammeln, die diese sogar selbst eingestellt haben. Wir reden hier von sozialen Netzwerken, Plattformen, auf denen Menschen sich mittlerweile schon so offen und teilweise indiskret bewegen, dass man manchmal nur noch staunen kann. Wenn man dann noch berücksichtigt, dass das Web nie vergisst, diese Informationen über Jahrzehnte gespeichert bleiben und jeder Informationsschnipsel und jedes Foto von jedem heruntergeladen, verändert oder weitergeleitet werden können, dann wäre es schon angebracht, bevor man die letzten Urlaubsfotos von der feuchtfröhlichen Party am Pool postet, sich Gedanken zu machen, ob das wirklich jeder sehen soll.

Mittlerweile ist es völlig normal, dass sich der potenzielle Arbeitgeber, bevor er den Bewerber zum Gespräch einlädt, im Netz schlau macht – dank Google, Facebook, LinkedIn, XING, Yasni oder 123people ein sehr einfaches Unterfangen. Abgefragt werden persönliche Informationen wie Hobbys, Interessen, Meinungsäußerungen und private Vorlieben. Und je nach Ergebnis wird auch gar nicht erst zum Gespräch eingeladen. Eine aktuelle Studie des Hightech-Branchenverbands Bitkom zeigt, dass sich mehr als die Hälfte (52 Prozent) aller Unternehmen im Internet über Bewerber informieren. Tendenz steigend.

Wenn Sie also planen, als Führungskraft Karriere zu machen, denken Sie bitte genau darüber nach, welche Informationen Sie über sich ins Netz stellen. Besondere Vorsicht ist bei sogenannten »Selbsthilfeforen« geboten, auf denen sich gequälte Mitarbeiter über Unternehmen oder Chefs auslassen. Diskretion ist auch heute noch eine Tugend, auf die Arbeitgeber Wert legen. Geschmacklose Fotos, abwertende Sprüche oder besondere Vorlieben, zum Beispiel für pornografische Fotos, sind auch nicht angebracht. Ebenso wenig Kommentare über derzeitige oder ehemalige Vorgesetzte: »Mein Chef ist ein fauler Sklaventreiber!«

Hier ein paar zusätzliche Tipps:

- Stellen Sie Ihre Profile in sozialen Netzwerken auf »privat«. Somit haben nur Ihre Freunde Zugriff auf die Daten.
- Posten Sie keine diskriminierenden Bemerkungen oder negativen Kommentare über andere Personen in Blogs und Foren.
- Wilde Partyfotos, »halbnackte Wahrheiten« oder peinliche Fotos haben nichts im Netz verloren.
- Tragen Sie keine Streitigkeiten im Netz aus.
- Stellen Sie auch keine persönlichen Daten oder peinliche Internas über Ihre Familienmitglieder ins Netz.

Googeln Sie regelmäßig Ihren Namen, um zu sehen, was über Sie im Netz zu finden ist. Am besten richten Sie einen Google Alert mit Ihrem Namen ein, der Ihnen regelmäßig alle News schickt, die zu Ihrem Namen ins Netz gestellt werden. Ganz einfach einzurichten unter http://www.google.de/alerts?hl=de.

Das Kapitel auf einen Blick

- Als Führungskraft können Sie sich den Neuen Medien und der neuen Technik langfristig nicht verweigern.
- Mit den Neuen Medien verkürzt sich die Reaktionszeit.
- Führungskräfte müssen oft, aber nicht immer erreichbar sein.
- Ewige Beschleunigung macht krank.
- Ein maßvoller Umgang mit den Neuen Medien ist eine Herausforderung.
- Achten Sie darauf, was Sie ins Netz stellen. Arbeitgeber nutzen das Netz, um sich über Sie zu informieren.

Werden Sie richtig gut: Ihr persönliches Erfolgstraining

- Lebenslanges Lernen live und virtuell
- Risiken und Nebenwirkungen

↗ 04

Lebenslanges Lernen live und virtuell

Wenn der Seminarleiter im PC sitzt

Gute Führungskräfte lernen immer dazu. Gerade in unserer schnelllebigen Zeit gehört Weiterbildung zum Handwerkszeug jeder Führungskraft. Doch Zeit ist Geld, und der Trend geht immer mehr dahin, keine weiten Reisen mehr für ein Seminar oder einen Workshop zu machen, außer wenn sie unabdingbar sind und das Resultat schon im Vorfeld erfolgsversprechend ist. »Ich schicke meine Mitarbeiter doch nicht zum Bespaßen nach Hamburg!«, ist da von so manchem Chef zu hören. Stattdessen wird immer mehr am eigenen PC und in Zukunft immer mehr auf mobilen Geräten wie Handys oder Tablet PCs gelernt. Schließlich kann man die Zeit im Hotel auch anders nutzen, als an der Hotelbar über den Zustand der Welt zu sinnieren und manchen Barkeeper in den Wahnsinn zu treiben.

Video-Seminare, Video-Tutorials, aufgezeichnete Vorträge, Webinare – es gibt viele Möglichkeiten, sich online weiterzubilden. Wo schaut man am besten nach?

Die Informationsflut auf YouTube

Als Erstes sollte man sicherlich YouTube erwähnen. Früher war die Qualität der Videos zum Teil sehr schlecht. Mittlerweile steigt der Qualitätsstandard stetig. Einziges Problem: YouTube bietet eine Flut von Video-Seminaren ohne inhaltliche Qualitätskontrolle. Jeder kann alles reinstellen, egal ob qualifiziert oder nicht. Dementsprechend ist auch das Angebot – neben der Tatsache, dass es keine wirklichen Übersichten gibt. Hier steht das Kochvideo neben dem Film »Wie führe ich ein Mitarbeitergespräch«.

Sie werden viel Zeit damit verbringen, sich teilweise Schlechtes und Unnötiges anzuschauen. Und wie war das nochmal? Zeit ist Geld? YouTube bietet einfach zu viele Möglichkeiten, sich zu verzetteln, und ist somit nur bedingt effektiv. Am besten funktioniert es, wenn Sie vielleicht schon eine

Empfehlung von einem Kollegen bekommen haben. Oder ein Ihnen bekannter Trainer bzw. Coach hat Videos in YouTube platziert, und somit wissen Sie, dass darin auch Qualität geboten wird. Und da wir gerade bei Empfehlungen sind – hier eine in eigener Sache: Besuchen Sie doch einfach mal diesen YouTube-Kanal: http://www.youtube.com/user/HeikeCobaugh.

Video-Seminare bei unterschiedlichen Bildungsanbietern

Mittlerweile gibt es gute Video-Seminare von unterschiedlichen Bildungsanbietern, die aber nur zum Teil kostenfrei sind. Wenn Sie spezifisch nach Führungsthemen suchen, ist www.pinkuniversity.de eine gute Anlaufstelle. Mit guten Englischkenntnissen werden Sie auch bei www.udemy.com fündig. Hier können Sie jeden Trainer und einen Teil der Seminare kostenlos sehen und sich dann entscheiden, welche Themen Sie sich kostenpflichtig anschauen wollen. Manche Trainer sind einem einfach nur unsympathisch, oder ihre Stimme ist kaum zu ertragen. Vorteil hier: Sie müssen es sich ja nicht ganz ansehen. Im Seminar müssten Sie jetzt da durch, egal ob sympathisch oder nicht. Insgesamt bieten Trainingsinstitute immer mehr Videos auf ihren Websites an.

Auch Verlage gehen immer mehr dazu über, ihre Inhalte ergänzend zu den Büchern in bewegten Bildern anzubieten. Und statt, wie früher, eine Video-DVD kaufen zu müssen, schalten Sie heute nur noch den PC oder Ihr mobiles Gerät an und haben, nach einem Einlogverfahren, Zugang zu unterschiedlichen Videos.

Kontakt zum Seminarleiter erwünscht

Wenn Ihnen die »Einbahn-Option« eines Video-Seminars langweilig erscheint und Sie Kontakt zum Trainer haben wollen, ohne das Haus zu verlassen, sind Webinare eine gute Option. Führender Anbieter in Deutschland ist derzeit www.smile2.de. Hier werden spezielle Webinare für Unternehmer, Führungskräfte und Vertriebler angeboten. Jedoch müssen Sie vorher ein Abonnement abschließen, und wenn Sie es aus eigener Tasche zahlen, ist das nicht unbedingt günstig: von 37 Euro bis 347 Euro im Monat – je nach Programm, für das Sie sich einschreiben. Sie sollten dann jedenfalls sicher sein, dass Sie das Angebot auch regelmäßig nutzen, sonst ist das wie im Fitnessstudio: Am Anfang ist man motiviert, schließt für viel Geld eine Mitgliedschaft ab und ist dann zu faul hinzugehen.

Das Schöne an Webinaren ist, dass Sie über die Chat- oder Sprechfunktion Ihres PCs Fragen an den Trainer stellen können, die auch gleich beantwortet werden. Die dazugehörigen PowerPoint-Folien werden meistens als PDF für einen späteren Download zur Verfügung gestellt.

Chatten statt Pausengespräche

Doch wo bleiben die Pausengespräche? Das nette Kennenlernen an der Kaffeebar? Fällt leider weg. Den Kaffee müssen Sie sich jetzt selbst kochen, und nette Pausensnacks gibts auch keine. Natürlich alles im Zuge des effektiven Zeitmanagements und der Kostenersparnis. Eigentlich schade, denn der Mensch kommt hier schon ein wenig zu kurz. Doch was solls. Chatten Sie doch einfach virtuell. Für die Tastenakrobaten unter Ihnen geht das prima. Gerade bei Webinaren mit größeren Gruppen wird der Webinarleiter die Kommentare und Fragen der Teilnehmer meistens schriftlich entgegennehmen, aber verbal beantworten. Eine andere Möglichkeit des Austauschs bieten Fachforen, in denen Sie spezifische Fragen an die Runde stellen können. Aber auch hier gibt es keine Garantie für die Qualität der Antworten.

XING, die Anlaufstelle für Businesskontakte

Businessforen für Führungskräfte finden Sie bei XING. Dort sollten Sie als Führungskraft auf jeden Fall mit einem aussagekräftigen Profil vertreten sein. Mittlerweile versuchen auch viele Headhunter, offene Stellen über XING zu besetzen, und vielleicht wollen Sie ja in Zukunft mal Ihren Arbeitgeber wechseln. Ganz wichtig: nie ohne Foto! Das wirkt unprofessionell. Apropos professionell: Auch das Foto sollte professionell sein. Bei XING geht es um Business und nicht um Freizeit. Also keine Fotos von Ihnen im Auto oder mit Haustier. Zeigen Sie Ihre Kompetenz, indem Sie sich aktiv in Foren einbringen oder ein eigenes Forum eröffnen. Mit den dort gemachten Kontakten lässt sich ja später auch skypen, falls Sie das virtuelle Gespräch unter vier Augen bevorzugen.

Machen Sie einen Termin beim Skype-Coach

Eine weitere Möglichkeit, sich virtuell weiterzuentwickeln, ist das Skype-Coaching. Immer mehr Coaches bieten ihren Kunden diese Möglichkeit an. Grundsätzlich ist es sicher sinnvoll, sich am Anfang erst einmal persönlich kennenzulernen. Im persönlichen Kontakt lässt sich besser herausfinden, ob die Chemie stimmt. Wenn man sich ein wenig kennengelernt hat und Sie wissen, wie der Coach arbeitet, spricht nichts gegen ein Skype-Coaching. Das spart eine Menge Reisezeit und Reisekosten. Natürlich kommt es auch darauf an, mit welchen Methoden Ihr Coach arbeitet. Nicht alle lassen sich per Skype umsetzen.

Ohne Selbstdisziplin geht hier gar nichts

So schön die virtuelle Welt und so vordergründig bequem deren Nutzung sein mögen, seien Sie gewarnt: Ohne Selbstdisziplin geht es nicht. Im Live-Seminar fällt es auf, wenn Sie nicht anwesend sind. Ihr Nachbar wird Sie voraussichtlich sachte anstupsen, falls Sie nach dem Mittagessen ins »Suppenkoma« fallen. Doch am PC sind Sie alleine. Einerseits eine große Freiheit, andererseits ist gerade das für viele ein Problem.

Webinare bieten hier insofern ein wenig Kontrolle, als es einen bestimmten Termin gibt, zu dem das Webinar beginnt. Wenn Sie Fragen stellen möchten oder nicht mitkommen, können Sie auf sich aufmerksam machen. Doch bei Video-Seminaren oder -Tutorials sieht das ganz anders aus:

- Niemand kann Ihre Fragen beantworten.
- Sie können das Anschauen des Videos immer wieder verschieben.
- Niemand erfährt, ob Sie mitkommen oder nicht.
- Ablenkungen lauern überall.
- Niemand überprüft, ob Sie Ihre »Hausaufgaben« gemacht haben.

Die meisten Menschen haben konkrete Vermeidungsstrategien, die sie an mehr Selbstdisziplin hindern. Diese herauszufinden, ist schon die halbe Miete. Identifizieren Sie Ihre persönlichen Disziplinsaboteure mit dieser kleinen Übung:

Übung

Wann genau bin ich undiszipliniert?

______

______

______

Was genau mache ich, um eine anstehende Aufgabe zu vermeiden?

______

______

______

Wie fühle ich mich dabei?

______

______

______

Was würde mich motivieren, die Aufgabe trotzdem zu machen (Belohnung)?

______

______

______

So viel Information, so wenig Zeit

Vielleicht gehören Sie auch zu der Sorte Mensch, die es liebt, Informationen zu sammeln und zu lernen, und die vielleicht sogar gefährdet ist, ein »Informations-Junkie« zu werden. Passen Sie auf, dass Sie sich nicht verzetteln. Der Tag hat nur 24 Stunden, und gerade als Führungskraft ist es wichtig, genau zu wissen, welche Information einen jetzt weiterbringt, welche »nice to have« und welche ausschließlich »Freizeitspaß« ist. Nutzen Sie hier unsere Tipps aus dem Kapitel »Zeitmanagement im Führungsalltag« (s. S. 91). Denn Zeit ist Geld. Und gerade als Führungskraft kostet Ihre Zeit immer ein bisschen mehr.

Hier noch ein paar Tipps zum Thema »Lernen« mit wenig Zeit:

- Lesen Sie vor dem Einschlafen Wichtiges noch einmal durch.
- Sport steigert den Lerneffekt, wenn wir uns während des Sporttreibens Lerninhalte vergegenwärtigen.
- Über etwas Gelerntes zu reden, hilft beim Merken.
- Wir merken uns Dinge besser, wenn wir sie mit der Hand aufschreiben und nicht am Computer.

Diese Tipps sind nicht »auf unserem Mist gewachsen«, sondern werden von Hirnforschern wie Manfred Spitzer bestätigt.

Das Kapitel auf einen Blick

- Nicht alle Video-Seminare im Internet sind wirklich gut.
- Empfehlungen von Kollegen und Freunden sind bei der Suche nach Weiterbildung im Netz hilfreich.
- Wer online lernt, braucht Selbstdisziplin und Eigeninitiative.
- Webinare bieten den größten interaktiven Austausch beim Online-Lernen.
- Businesskontakte lassen sich gut über XING (national) oder LinkedIn (international) knüpfen.
- Arbeitgeber suchen immer häufiger Informationen über Bewerber im Netz.
- Das Word Wide Web vergisst nie!

Risiken und Nebenwirkungen

Das Training der Erfolgreichen

Die meisten Menschen, die kurz vor einer Beförderung stehen oder bereits in einer Führungsposition sind, lesen gerne Führungsliteratur. So gesehen befinden Sie sich im Augenblick in guter Gesellschaft. Was machen die meisten mit einem Führungsbuch, wenn sie es gelesen haben? Sie stellen es ins Regal: »Wenn ich es durchgelesen habe, weiß ich ja alles!« Stimmt. Eine Frage nur: Macht Sie die Lektüre zu einer besseren Führungskraft? »Na ja«, antworten viele Führungskräfte in unseren Trainings darauf, »natürlich muss ich das alles erst einmal wirken lassen.« Auch das ist eine gute Idee. Werden Sie dadurch zur besseren Führungskraft? Weder durch Lesen noch durch Wirkenlassen werden Sie zu einer besseren Führungskraft.

Das ist einerseits ärgerlich. Andererseits liegt es auf der Hand. Denn sonst hätten Michael Schumacher und Steffi Graf lediglich Bücher über Formel 1 und Tennis lesen und wirken lassen müssen, um Weltklassesportler zu werden. Taten sie jedoch nicht. Was taten sie denn? Sie trainierten. Zu dieser Schlussfolgerung kommen alle Führungskräfte früher oder später, die wirklich eine professionelle Führungskraft werden wollen.

Die meisten neuen Führungskräfte probieren einiges aus, was in verschiedenen Führungsbüchern steht. Leider schaffen es viele trotzdem nicht, tatsächlich gut zu werden. Warum nicht? Weil ihnen das Talent dazu fehlt? Nein, weil sie falsch trainieren. Deshalb betrachten wir im Folgenden die häufigsten Trainingsfehler und wie Sie sie vermeiden. Wenn Sie nicht in diese beliebten Trainingsfallen tappen, haben Sie praktisch eine Garantie dafür, mit etwas Übung eine exzellente Führungskraft zu werden.

Die Piano-Panne: »Das klappt wohl nicht!«

Nur ein Versuch reicht nicht!

Ernst kommt ganz begeistert vom Führungsseminar zurück: »Smarte Zielformulierungen sind klasse! Das müssen wir unbedingt auch machen!« In der nächsten Teamsitzung probiert er es aus. Sein Team findet das Smart-Schema nicht so toll. Also lässt er die Sache fallen: »Das funktioniert bei uns nicht.«
Glücklicherweise erfährt sein Führungscoach von dem Vorfall. In der nächsten Coaching-Sitzung erzählt er ihm deshalb die Geschichte vom tibetanischen Bergbauern, der zum ersten Mal in seinem Leben ein Piano sieht, sich davor setzt, die Ouvertüre zu Tannhäuser spielen möchte, die Töne nicht trifft und darauf sagt: »Dieses Klavier funktioniert nicht. Ich habe es eben probiert!«

Ob etwas funktioniert oder nicht, können Sie unmöglich nach dem ersten Versuch sagen. Sonst hätten Sie nie Fahrradfahren, Englisch, Essen oder Gehen gelernt. Sie können ein Urteil frühestens nach dem dritten Versuch fällen. Geben Sie sich diese drei Chancen – das sind Sie sich, Ihrem Erfolg, Ihrem Chef und Ihren Mitarbeitern schuldig.

Die Perfektionspanne: »Übernehmen Sie sich nicht!«

Einige Führungskräfte setzen sich zu ehrgeizige Trainingsziele. Neulich wollte ein eben beförderter Abteilungsleiter Führen mit Zielvereinbarungen binnen eines Monats in seiner Abteilung erfolgreich umsetzen – dabei dauert die Umsetzung dieses sehr komplexen Instruments mindestens ein halbes Jahr!

Tipp

Schlucken Sie die Salami nicht am Stück: Setzen Sie sich realistische und stufenweise Trainingsziele. Das nennt man Salamitaktik.

Perfektionismus, überzogene Ziele und zu hohe Erwartungen sind kein Zeichen von Ehrgeiz, Motivation und Zielstrebigkeit, sondern schlicht von Selbstüberschätzung. Auch Franzi von Almsick hat klein angefangen – deshalb wurde sie so gut! Hätte sie sich schon in der ersten Trainingsstunde am

Weltrekord auf 100 Meter Freistil versucht, hätte sie schnell frustriert die Schwimmbrille an den Nagel gehängt!

Die Defätistenpanne: »Das ist nicht gut genug!«

Auch für den Erwerb von Führungskompetenz gilt der alte Spruch: Die meisten Menschen scheitern nicht, sie geben auf. Führungskräfte sind mit ihren Fortschritten in Sachen Leadership-Kompetenz oft sehr kritisch: »Heute habe ich schon wieder zu wenig delegiert! Wann lerne ich das endlich?«

Wenn Sie jemanden demotivieren, wird er dadurch nicht besser – obwohl an unseren Schulen oft nach diesem Prinzip unterrichtet wird. Wenn Sie tatsächlich besser werden wollen, lenken Sie Ihre volle Aufmerksamkeit nicht auf Ihre Fehler, sondern auf das, was bei der Anwendung neuer Führungsfähigkeiten bereits gut läuft. Und wenn es noch so klein ist! Feiern Sie auch kleine Erfolge. Das bringt Sie viel weiter, als sich über große Fehler Vorwürfe zu machen. Erfolg ist die beste Motivation für Erfolg.

Pannenprinzip »Hoffnung«

Führungskräfte hoffen nicht

Petra kommt vom Führungsseminar zurück. Ihr Boss fragt sie, was sie gelernt habe. »Eine ganze Menge. Ich hoffe, dass ich davon auch einiges umsetzen kann.« Der Vorgesetzte legt die Stirn in Falten. Petra hat soeben, ohne es zu wissen, vor den Augen ihres Chefs ihre Führungskompetenz infrage gestellt.

Wer lediglich hofft, dass er sein frisch erworbenes Führungswissen umsetzen kann, sagt damit implizit: »Ich hoffe, dass das irgendwie von selbst kommt.« Das tut es aber nicht.

Tipp

Hoffen Sie nicht. Probieren Sie es aus – und zwar so lange, bis es klappt!

Denn nur so funktioniert es. Das Prinzip Hoffnung ist kein anerkanntes Umsetzungsprinzip. Von Hoffnung allein stellt sich kein Erfolg ein. Sie können hoffen, dass Sie endlich Ihre überflüssigen Pfunde loswerden – doch wenn Sie jeden Tag fünf Kilometer walken, radeln oder joggen, bringt Sie das weiter als die bloße Hoffnung. Erinnern Sie sich an den Nike-Slogan: »Just do it!« Wann immer Sie sich bei der Hoffnung ertappen, bald eine gute Führungskraft zu werden, fragen Sie sich: Und was tue ich dafür? Und dann machen Sie es.

Pannenprinzip »Alles auf einmal!«

Direkt vor oder nach der Beförderung sind neue Führungskräfte so enthusiastisch in ihrem Bestreben, nun auch eine exzellente Führungskraft zu werden, dass sie übers Ziel hinausschießen: Sie verzetteln sich.

Setzen Sie sich nicht fünf Trainingsziele auf einmal – immer schön eines nach dem anderen! Denn sonst verfolgen Sie eine Menge Trainingsziele und erreichen doch keines so recht, weil Sie Ihre knappen Ressourcen zersplittern. Vor allem Ihre Mitarbeiter werden durch diese vielen parallel laufenden »Führungsexperimente« total verunsichert! Ganz zu schweigen von Ihrem Chef, der unweigerlich denkt: »Was für einen Zauber veranstaltet er denn da nun wieder? Wann bringt er auch mal was zu Ende?« Also – was ist Ihr aktuelles Trainingsziel in Sachen Führungskompetenz? Notieren Sie, wenn Sie möchten.

Übung

Das aktuelle Entwicklungsziel für meine Führungskompetenz:

____

Die Selffulfilling Prophecy

Wenn der Glaube fehlt, klappt es nicht

Kürzlich meinte ein Jungmanager in einem Maschinenbau-Unternehmen zu seinem Vorgesetzten: »Diese ganzen Führungstheorien sind zwar schön und gut, aber in der Praxis funktioniert das doch sowieso nicht!« Da war er an den Falschen geraten. Sein Chef sagte ihm betont beherrscht: »Ein Manager sagt nicht, warum etwas nicht geht. Er tut es, und dann geht es.«

Warum konnte sich der Chef nur mühsam beherrschen? Weil sein Schützling auf eine sogenannte Selffulfilling Prophecy hereingefallen war und es noch nicht einmal bemerkte – eine Prophezeiung, die sich allein dadurch erfüllt, dass sie prophezeit wird. Er prophezeite sich selbst: »Das funktioniert nicht!« Versuchen Sie doch einmal, mit dieser Einstellung eine Sache zum Erfolg zu bringen. Sie ist zum Scheitern verurteilt. Bezeichnenderweise funktionieren »diese ganzen Führungstheorien« glänzend bei jenen Managern, die mit einer anderen Prophezeiung an die Sache herangehen: »Das klingt gut, das probieren wir doch mal aus!«

Die Diskontinuitätsfalle

Viele Manager wollen wirklich etwas gegen ihre Führungsdefizite unternehmen und setzen erlernte oder erlesene neue Führungstechniken in ihrer Praxis ein – fragt sich lediglich, wann und wie oft. Oft wird zu sporadisch trainiert. Da wird ein Konflikt mal professionell bearbeitet – bei den restlichen Konflikten fallen sie dann wieder in die unprofessionellen Muster zurück. Michael Schumacher wurde nicht deshalb so oft Weltmeister, weil er hin und wieder mal trainierte. Er trainierte täglich. Machen Sie es ebenso. Das ist ideal. Jeden zweiten Tag geht auch noch. Aber bei weniger Training erzielen Sie keinen Erfolg: Es kommt einfach zu wenig dabei heraus. Das heißt nicht, dass Sie jeden Tag acht Stunden trainieren sollen – also vergessen Sie das Argument, Sie hätten für Führungstraining keine Zeit. Es gibt keine Regel, wie viele Minuten Sie täglich trainieren sollten – Hauptsache, Sie trainieren täglich! »Repetition is the mother of skills« heißt das amerikanische Sprichwort. Wiederholung – nicht stundenlanges Üben.

> **Tipp**
>
> Trainieren Sie täglich, und Sie werden automatisch besser.

Falsche Baustelle

Wenn Sie schon etwas an Ihrem Führungsverhalten ändern wollen, dann verändern Sie auch das Richtige! Führungskräfte stürzen sich häufig auf Führungsinstrumente,

- die neu sind;
- die sie besonders gut finden;
- die alte Führungsschwächen bei ihnen abstellen.

Das sind alles sinnvolle Kriterien, doch das Wichtigste wird dabei vergessen: Packen Sie zuerst die Brennpunkte an.

Ändern Sie nicht zuerst das, was Sie gern ändern möchten, sondern das, was Ihre Vorgesetzten an Ihrem Führungsverhalten ändern möchten! In der Regel liegt entsprechendes Feedback ex- oder implizit längst vor. Hat nicht Ihr Chef vielleicht schon durchblicken lassen, dass Sie »Ihren Laden besser in den Griff bekommen« sollten oder »die Ergebnisse besser werden müssen«? Erinnern Sie sich an das, was Ihr Chef über Ihr Führungsverhalten sagt. Auch an das, was er zwischen den Zeilen sagt. Denn das, womit Ihr Chef nicht zufrieden ist, ist ein echtes Karrierehindernis für Sie. Auch wenn Sie nicht unbedingt Karriere machen wollen: Wenn Sie nicht das ausräumen, was Ihren Chef an Ihrem Führungsverhalten stört, wird er nie richtig zufrieden mit Ihnen sein und Sie nicht in Ruhe arbeiten lassen.

Mit Rückschlägen umgehen

Wenn Sie sich manchmal so fühlen, als ob Sie niemals eine exzellente Führungskraft werden könnten, liegt das nicht daran, dass Sie tatsächlich niemals eine exzellente Führungskraft werden können, sondern daran, dass Sie lediglich mit Rückschlägen noch nicht richtig umgehen können. Und das kann ein guter Manager. Manche behaupten sogar, dies sei das eigentliche

Geheimnis guten Managements: Rückschläge so lange wegstecken, bis man Erfolg hat. Das heißt: Es gibt einen positiven Umgang mit Rückschlägen. Niemand wird mit diesem Umgang geboren. Jeder muss ihn sich erwerben. Im Grunde benötigen Sie dafür lediglich drei Punkte:

☑ Checkliste: So stecken Sie Rückschläge weg

- ☐ Machen Sie sich nach einem Rückschlag niemals selbst herunter. Achten Sie dabei stets auf Ihren inneren Dialog. Stellen Sie Ihren inneren Kritiker ab. Einem guten Freund würden Sie in so einer Situation auch nicht die Verbalkeule um die Ohren hauen! Das bringt nichts. Gehen Sie wie ein guter Coach pfleglich mit sich um. Seien Sie Ihr eigener Coach!
- ☐ Akzeptieren Sie die negativen Auswirkungen des Rückschlags und akzeptieren Sie gleichzeitig das Gute daran: »Wenigstens hab ich es probiert! Ich habe alles getan, was nötig war.«
- ☐ Stellen Sie sich die alles entscheidenden Erfolgsfragen: Was lerne ich daraus? Was werde ich beim nächsten Mal besser machen?

Schließen Sie einen Vertrag mit sich

Sie kennen das: Da nimmt man sich wirklich vor, heute etwas für die eigene Führungskompetenz zu tun – und dann kommt wieder etwas Dringendes dazwischen! Viele unserer Seminarteilnehmer sagen: »Ich hatte es mir vorgenommen, aber dann kam wieder etwas dazwischen, und ich hab es einfach vergessen – weil mich niemand daran erinnert hat!« Dann erinnern Sie sich selbst. Sonst stellen Sie irgendwann, vielleicht nach Monaten, fest, dass Sie noch immer nichts gegen Ihre Führungsschwächen unternommen haben. Dann ist es oft genug zu spät.

Tipp

Erinnern Sie sich selbst an Ihr aktuelles Trainingsziel. Lassen Sie als Bildschirmschoner einen Erinnerungsspruch laufen, legen Sie einen Zettel auf Ihren Schreibtisch, schreiben Sie es in Ihren Terminkalender.

Wenn Sie das Ganze noch verbindlicher machen wollen, schließen Sie einen Vertrag mit sich selbst. Machen Sie das ganz formell: »Ich, Unterzeichnender, verpflichte mich, heute für mein aktuelles Trainingsziel Folgendes zu tun: ...« Das nennt man Selbstverpflichtung. Seien Sie sicher, es funktioniert! Sie können sich auch einen Lernpartner nehmen und sich gegenseitig erinnern.

☑ Checkliste: Training für die Erfolgreichen

Hier noch einmal die zehn Erfolgsprinzipien des Führungstrainings im Überblick:

- ☐ Versuchen Sie alles erst dreimal, bevor Sie beurteilen, ob es funktioniert oder nicht.
- ☐ Setzen Sie sich selbst keine überzogenen Erwartungen, sondern realistische Ziele.
- ☐ Motivieren Sie sich selbst zum Weitermachen, indem Sie jeden noch so kleinen Erfolg (innerlich oder äußerlich) gebührend feiern.
- ☐ Hoffen Sie nicht, dass Sie Ihr neues Führungswissen bald in der Praxis umsetzen werden – just do it!
- ☐ Setzen Sie sich immer nur ein, höchstens zwei realistische Trainingsziele.
- ☐ Gehen Sie mit der richtigen Einstellung ins Training: »Ich probiere das einfach so lange, bis es klappt!«
- ☐ Trainieren Sie regelmäßig jeden Tag, spätestens jeden zweiten Tag.
- ☐ Trainieren Sie vor allem das, was Ihre Chefs an Ihrem Führungsverhalten auszusetzen haben.
- ☐ Lernen Sie, mit Rückschlägen fertigzuwerden.
- ☐ Erinnern und verpflichten Sie sich selbst zum Training.

Die Phasen der Veränderung

Wenn Sie die zehn Trainingsprinzipien betrachten, wird Sie vielleicht ein beunruhigender Verdacht beschleichen: Führungskompetenz ist nichts, was man sich mal rasch in einem Wochenendseminar aneignen kann. Führungskompetenz ist kein Ereignis, sondern ein Prozess. Das heißt: Wer eine exzellente Führungskraft werden möchte (wer möchte das nicht?), braucht ausreichend Kompetenz, um sich bei diesem Trainingsprozess selbst zu begleiten. Wenn ein Coach diese Begleitung für Sie übernimmt, sind Sie natürlich fein raus. Wenn nicht, müssen Sie die Prozesskompetenz selbst aufbringen. Sonst wird das nichts mit der Führungskompetenz.

Wie wir alle wissen, laufen Prozesse für gewöhnlich in Phasen ab. Die Phasen der Veränderung, des Trainings, der persönlichen Entwicklung betrachten wir jetzt – damit Sie sicher durch alle Phasen kommen und Ihr Ziel erreichen, das Führungskompetenz heißt.

Die sechs Phasen der Veränderung

- Schock, Überraschung
- Verneinung, Vermeidung, Verdrängung
- rationale Einsicht
- emotionale Einsicht
- erste Versuche und Rückschläge
- Integration, Gewohnheitsbildung

Phase 1: Der Schock der Erkenntnis

Am Anfang eines typischen Entwicklungsprozesses steht die Überraschung oder der Schock über die eigene Unzulänglichkeit: »Meine Mitarbeiter spuren nicht!« – »Mein Chef ist unzufrieden mit mir!« – »Wie führt man denn nun eigentlich richtig?« Vielleicht hat der Chef auch gesagt: »Fachkompetent sind Sie ja – aber Ihre Sozialkompetenz, na ja …« Ein normaler Mensch reagiert selten erfreut auf die Entdeckung eines Veränderungsbedarfs, sondern eher überrascht bis schockiert. Also machen Sie sich keine Vorwürfe, wenn Sie (in dieser Phase!) wenig motiviert sind, etwas gegen Ihre Führungsschwäche zu tun.

Interessant an Veränderungsprozessen ist, dass die eigene Kompetenz in jeder Phase sehr unterschiedlich, aber typisch wahrgenommen wird. In Phase 1 fühlt man sich kurz nach dem Schock natürlich ziemlich inkompetent: »Ich dachte, ich sei die geborene Führungskraft. Immerhin wurde ich ja befördert! Und nun sagt mein bester Mitarbeiter, dass ich nicht kritikfähig sei!« Es tut weh, wenn der Größenwahn der ersten Tage wie ein Kartenhaus zusammenfällt. Gerade weil es wehtut, rutschen wir umgehend in Phase 2.

Phase 2: Verdrängung statt Veränderung

Ein normaler Mensch reagiert auf Überraschungen und Schocks nicht mit Veränderung, sondern mit Verdrängung: »Ach, der Chef meint das sicher nicht so.« – »Was nimmt der Mitarbeiter sich heraus? Er kann es wohl nicht besser!« – »Das wird schon wieder!« So verständlich diese Reaktionen sind: Als Manager wird man damit für den nächsten Schock noch anfälliger. Und der nächste kommt bestimmt. Da hilft alles nichts, da muss man(ager) durch – und zwar zur nächsten Phase. Das ist das Ziel hinter dem Phasenschema: Sie betreiben erfolgreiches Change-Management in eigener Sache, wenn Sie sich zäh und hartnäckig bis zur letzten Veränderungsphase vorkämpfen.

Auch bei Veränderungen sollte man sich nicht vom Weg abbringen lassen und einfach auf Erfolgskurs bleiben. Es liegt auf der Hand, dass sich in Phase 2 das eben noch beschädigte Kompetenzgefühl zu neuen Höhenflügen der Selbstüberschätzung aufschwingt: »Ich bin schon okay, so wie ich bin. Die anderen haben alle unrecht!« Es gibt Führungskräfte, die seit Monaten in dieser Endlosschleife der Verdrängung festhängen. Spätestens bei der nächsten Entlassungswelle bekommen sie aber die Quittung dafür. Deshalb: Kommen Sie schnell in die nächste Phase!

Phase 3: Die rationale Einsicht

Je besser ein Manager, desto schneller schaltet sich bei ihm nach Phase 2 der gesunde Menschenverstand ein: »Vielleicht ist doch etwas dran an dem, was die anderen sagen.« Dabei fühlt man sich alles andere als gut. Das eigene Kompetenzgefühl leidet: »Ich bin wohl doch nicht so gut, wie ich immer dachte.« Das fühlt sich nicht gut an – doch es ist nur vorübergehend. Je schneller Sie diese Phase überwinden, desto schneller und vor allem stärker wächst auch Ihr Kompetenzgefühl wieder!

In dieser Phase der Veränderung debattiert man im Kopf mit sich selbst und kommt irgendwann zu der Einsicht: »So, wie es aussieht, muss ich doch etwas tun!« Doch diese rein vernunftmäßige Einsicht reicht in der Regel nicht aus, um auch tatsächlich etwas zu unternehmen. In dieser Phase wird viel gegrübelt: »Ich müsste wirklich mal etwas für meine Führungskompetenz tun!« Doch es wird wenig bis nichts getan. Daher ist es wichtig, dass Sie sich möglichst rasch zur nächsten Phase vorkämpfen.

Phase 4: Die emotionale Einsicht

Während in Phase 3 nur der Kopf vom Veränderungsbedarf überzeugt ist, wird es jetzt auch der Bauch – und der Bauch ist entscheidend. Denn Motivation kommt aus dem Bauch (Motivation ist ein Gefühl und keine Überlegung). Wir merken das meist fast schon körperlich, wenn es Klick macht und wir uns sagen: »Ich muss endlich etwas tun!« Wie kommen Sie zu diesem Klick im Bauch? Indem Sie erkennen, was es Ihnen konkret bringt, welche Belohnungen, guten Gefühle und Erfolge es Ihnen einträgt, wenn Sie sich aufraffen und tatsächlich etwas ändern. Phase 4 stellt ausreichend Motivation für Ihren Veränderungsprozess zur Verfügung. Sie spüren förmlich: »Jetzt packe ich es an!« Wenn der Bauch und das Herz dabei sind, läuft die Sache auch. Nur der Kopf allein reicht für Veränderungen nicht aus.

Es kann sein, dass Sie aus jeder Phase des Veränderungsprozesses kurz in eine frühere Phase zurückfallen. Das ist kein Beinbruch. Das ist normal. Dann kämpfen Sie sich wieder in die nächste Phase vor.

In Phase 4 erreicht Ihr Kompetenzgefühl den niedrigsten Punkt. Denn Sie erkennen: »Ich muss wirklich etwas tun – aber ich kann das doch alles noch gar nicht!« So lästig dieses Gefühl ist, es ist auch tröstend: Schlimmer wird es nimmer. Im Gegenteil. Die Talsohle ist erreicht, ab jetzt gehts bergauf. Es wird eben oft schlimmer, bevor es besser wird.

Phase 5: Versuche und Rückschläge

In dieser Phase packen Sie es tatsächlich an und probieren das aus, was Sie in diesem Buch gelesen haben. Leider werden viele ehrgeizige Führungskräfte in dieser Phase negativ überrascht, denn sie rechnen nicht mit Rückschlägen. Deshalb können sie nicht angemessen damit umgehen.

Tipp

Rechnen Sie mit Rückschlägen. Die gehören einfach dazu!

Denn dann sind Sie vorbereitet und können damit umgehen. Wie das genau geht, haben Sie bereits in der »Checkliste: So stecken Sie Rückschläge weg« (s. S. 208) kennengelernt. Entwickeln Sie vor allem die richtige Einstellung gegenüber Rückschlägen. Wo etwas Neues entstehen soll, entscheidet die Erlaubnis, dabei auch Fehler machen zu dürfen, über den Erfolg. Wer keine Fehler macht, hat auch langfristig keinen überragenden Erfolg. Angst vor

Fehlern ist keine Managertugend. Ein richtiger Manager hat keine Angst vor Fehlern.

> **Tipp**
>
> Geben Sie sich selbst die Erlaubnis zum Experimentieren. Nicht jeder Versuch muss sofort und vollständig hinhauen.

Es ist klar und ganz natürlich, dass sich Ihr Kompetenzgefühl in dieser Phase auf und ab bewegt. Wenn es einmal wieder gut läuft, fühlen Sie sich natürlich wie ein Champion. Doch schon beim nächsten Rückschlag geht das Gefühl frei in den Sturzflug über. Lernen Sie, mit diesem Wechselbad der Gefühle umzugehen. Das ist EQ: emotionale Intelligenz.

Es ist schön, wenn Sie neue Führungstechniken ausprobieren und aus Rückschlägen lernen. Doch das reicht noch nicht, um ein echter Leader zu werden. Denn dafür ist eine dauerhafte Verhaltensänderung nötig – dies geschieht in der letzten Phase Ihres persönlichen Veränderungsprozesses.

Phase 6: Integration und Gewohnheitsbildung

An exzellenten Führungskräften fällt auf, dass sie nicht hin und wieder eine moderne Führungstechnik einstreuen, sondern permanent auf hohem Niveau führen. Das bedeutet: Sie haben die neuen Techniken und Verhaltensweisen in ihr tägliches Verhalten integriert. Diese sind zur Gewohnheit geworden. Das werden sie auch bei Ihnen, wenn Sie innerhalb weniger Wochen das neue Verhalten so oft wiederholen, bis es »sitzt«. Ist dies der Fall, ist Ihr persönlicher Veränderungsprozess abgeschlossen. Gehen Sie zum nächsten Veränderungsziel! Je öfter Sie diesen Phasenzyklus durchlaufen, desto professioneller werden Sie im Selfmanagement und im persönlichen Change-Management. Sie werden ein Change-Champion in eigener Sache und eine exzellente Führungskraft. Sie dürfen sich dafür beglückwünschen.

Es versteht sich von selbst, dass Ihr Kompetenzgefühl in dieser Phase seinen Gipfel erreicht. Sie fühlen: »Es haut hin! Ich kann es endlich! Alles funktioniert wie von selbst!« Der Erfolg und die Freude darüber stellen sich ein. Der Gipfel Ihres Kompetenzgefühls liegt dabei deutlich über dem Gipfel des Ausgangspunktes, als Sie den Prozess begannen! Das ist der tiefere Sinn jeder Veränderung: Ihr Kompetenzgefühl wächst und wächst mit jedem Veränderungszyklus, den Sie durchlaufen.

Als Führungskraft werden Sie in Zukunft immer wieder mit Veränderungen konfrontiert werden. Doch jetzt können Sie sicher sein, dass Sie die nötige Kompetenz und Flexibilität besitzen, diese professionell zu meistern!

Das Kapitel auf einen Blick

- Wissen allein hat noch keinen zur exzellenten Führungskraft gemacht.
- Wenn Sie Führungsprofi werden wollen, trainieren Sie wie ein Profi.
- Achten Sie auf die zehn Trainingsfallen und beachten Sie die zehn Trainingsgesetze.
- Betreiben Sie Selfmanagement: Coachen Sie sich selbst durch alle sechs Phasen des Veränderungsprozesses.
- Beglückwünschen Sie sich nach jedem Phasenzyklus zu einem weiteren, erfolgreich abgeschlossenen Schritt auf Ihrem Weg zur exzellenten Führungskraft.

Anhang

- Nachwort: Viel Spaß beim Erfolg!
- Literatur – Buchtipps

↗ 05

Nachwort: Viel Spaß beim Erfolg!

Sie haben auf den zurückliegenden Seiten viel Arbeit geleistet. Und wenn Sie genau hinschauen, werden Sie bemerken, dass Sie schon jetzt dafür vom Erfolg belohnt werden. Es kostet etwas Arbeit, eine exzellente Führungskraft zu werden. Dieser Einsatz führt zu mehr Sicherheit und Souveränität im Umgang mit Mitarbeitern, Kollegen und Vorgesetzten. Etwas, das sich sicher für Ihre Karriere auszahlen wird.

Wir wünschen Ihnen viel Erfolg und Freude auf diesem Weg. Wenn wir Sie mit einem Führungstraining oder einem Executive Coaching unterstützen können, tun wir das gerne.

Literatur – Buchtipps

Allen, David, So kriege ich alles in den Griff, Selbstmanagement im Alltag, Piper 2011.

Cobaugh, Heike/Schwerdtfeger, Susanne, Work-Life-Balance – So bringen Sie Ihr Leben (wieder) ins Gleichgewicht, mvg 2005.

Corvey, Stephen R., Die 7 Wege zur Effektivität. Prinzipien für persönlichen und beruflichen Erfolg, Gabal 2011.

Groß, Oliver, Jetzt mach ich es, BusinessVillage 2009.

Haller, Reinhold, Mitarbeiterführung kompakt: Grundlagen, Praxistipps, Werkzeuge, Midas 2009.

Hofbauer, Helmut/Kauer, Alois, Einstieg in die Führungsrolle: Praxisbuch für die ersten 100 Tage, 4. Aufl., Hanser 2012.

Hoffmann, Erwin, Manage dich selbst und nutze deine Zeit, W3L 2007.

König, Eckard/Volmer, Gerda, Systemisches Coaching: Handbuch für Führungskräfte, Berater und Trainer, 2. Aufl., Beltz 2003.

Neuberger, Oswald, Führen und führen lassen: Ansätze, Ergebnisse und Kritik der Führungsforschung, 6. Aufl., Lucius & Lucius 2002.

O'Connor, Joseph/McDermott, Ian, Die Lösung lauert überall: Systemisches Denken verstehen & nutzen, VAK 1998.

Lippmann, Walter, Public Opinion, Harcourt 1922.

Schirmer, Uwe/Walter, Volker/Woydt, Sabine, Mitarbeiterführung, 2. Aufl., Springer Gabler 2013.

Wehrle, Martin, Die 500 besten Coaching-Fragen, managerSeminare 2012.

Weick, Günter/Wagner, Susanne, Management by E-Mail, Stark 2011.